偷看東大生的筆記

超好懂

元素

圖鑑

東京大學Science Communication Circle CAST 著

陳朕疆 譯

● ● ●

世界上的事物究竟是
由什麼東西構成的呢？

自古以來，人們便一直試著探詢萬物的根源，尋找這個問題的答案。古希臘自然哲學的發展過程中，便出現了許多與萬物根源有關的說法。譬如說，亞里斯多德就提出「自然界的物質皆是由土、水、空氣、火等四種性質（四元素）構成」，也就是所謂的四元素說。德謨克利特也發表了「所有我們觀察得到的現象，都來自原子這種極小粒子的聚集與分離」，也就是所謂的古代原子論。

中世紀時，四元素論獲得了廣大的支持，故也出現了「所有自然界物體都是由這四種元素組成。既然原料都相同，不就表示我們可以將鐵轉變成黃金嗎？」的想法，使鍊金術盛行一時，鍊金術師無不專注於鍊製各種貴金屬。就結果而言，將鐵鍊成黃金的鍊金術當然不可能成功，但在各個實驗過程中，人們卻發現了許多化學原理。

到了近代，人們由實驗中得到了「質量守恆定律」、「定比定律」、「倍比定律」等化學定律。於是英國的科學家道耳頓便認為「看到這些研究結果後，把構成所有物質的『元素』都看成是由名為『原子』的粒子所組成，這樣會不會比較適當呢？」。這就是所謂的「原子說」。在這之後，人們發現了由多個原子所組成的「分子」，「原子與分子」的概念可以說明當時的各種現象，後來人們也陸續發現了許多種元素。於是，「世界上的所有物質都是由名為原子的粒子所組成」這種想法便成為了主流，直至今日。

　　「化學」這門學問，就是以「原子這種粒子是構成所有物質的要素」為前提，探討各種物質之性質的領域。而支持這個領域的基礎，就是所謂的元素。目前已發現的元素有118種，其中包括了「氫」或「氧」這種我們常見的元素，也包含才剛發現不久的「重」元素，每一種元素都可以用「1個大寫羅馬字母」，或是由「1個大寫羅馬字母＋1個小寫羅馬字母」組成的元素符號來表示。

　　本書會以插圖、專欄、問答等方式，解說118種元素的性質，以及這些元素所形成之化合物的性質。如果您在看過本書之後，能更了解「乍看之下只是由字母所組成的符號」是什麼樣的物質，且不再排斥「化學」這個看似難以接近的領域的話，那就太棒了。

**　接著，讓我們一起打開元素世界的大門吧！**

目錄

第 **5** 章　鑭系元素

第 **6** 章　錒系元素

第 **7** 章　第7週期

第 **8** 章　各族特集

書本設計：藤塚尚子（e to kumi）
DTP：有限会社クリィーク
校對：㈱東京出版サービスセンター

元素週期表

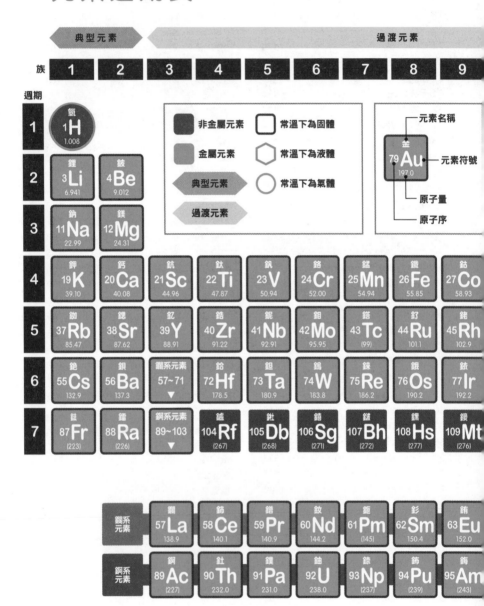

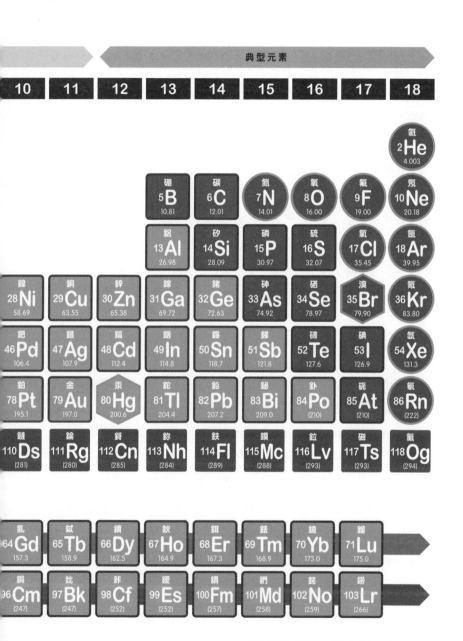

若某元素在自然界中不存在穩定同位素的話，
便會用其中一種放射性同位素的質量數表示該元素的原子量，並以（）括住。

本書使用方式

＊給小學生的各位

本書內容含有大量國中、高中的化學知識，對現在還是小學生的各位來說，要全部讀過並理解或許有些困難。但是，

- **各元素的插圖**
- **專欄**

這兩個部分對於沒有正式學過化學的人來說，應該也能享受閱讀的樂趣才對。裡面有許多和各種元素有關的小知識，歡迎您試著閱讀看看。

等到您成為了國中生、高中生，正式在學校學到「化學」之後，可以再從書架上拿起這本書，重新閱讀過一次，一定會有新的發現。

＊給中學生的各位

中學生的各位已在學校學過什麼是化學式了，除了插圖和專欄外，應該也能夠理解各元素說明中的部分內容才對。如果您可以在一邊閱讀時，一邊想到「啊，原來還會產生這種反應」的話，那就太棒了。

除了國中教科書中會提到的氫H、碳C、鈉Na、銅Cu之外，本書還有提到許多其他元素。這些元素的性質要等到高中時才會在教科書中詳細介紹。現在，各位只要一邊想像高中生活的樣子，一邊瀏覽國中教科書上不會提到的元素即可。等您到了高中之後再回來翻這本書，一定更能感受到化學世界的寬廣。

＊給高中生的各位

　　對於高中生的各位來說，閱讀本書的大部分內容應該不成問題。各元素的解說部分就是無機化學的基本知識，請您一邊閱讀，一邊累積化學的基礎實力吧。另外，本書中還有在各章節放置一些大學入學考試（大學入試中心試驗）的考古題，歡迎您挑戰看看，測試自己的實力。

　　雖說如此，只看解說部分的話，可能還是不太能理解每個元素的性質。請您一定要搭配插圖和專欄閱讀。從你我周遭的相關事物中學習，一定更能透徹理解這些知識。

＊給大學生、社會人士的各位

　　對於高中畢業後就很少有機會在學校中學習基礎化學知識的各位來說，會拿起這本書，應該是因為對化學有一定興趣、或者是喜歡化學吧。本書以高中化學內容為基礎，加入了各種有趣的小知識與話題，一定能讓您認識到許多過去不曾注意過的化學面向。您可以詳細閱讀這些過去不曾聽過的內容，還可以將其當成之後與朋友聊天的話題。我希望可以透過本書，讓各位更加親近化學。

頁面閱讀方式

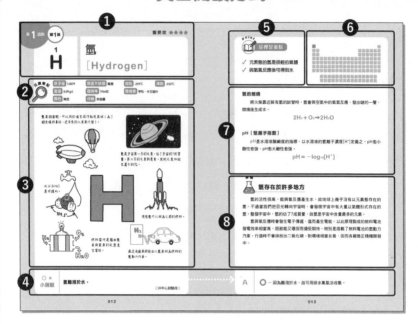

❶ 基本資訊

　週期、族：元素在週期表的位置。詳情請參考用語解說（→p.178）。

　重要程度：在「化學」考試中的重要性，分為4個程度，以★～★★★★表示。

　元素符號

　原子序：詳情請參考用語解說（→p.179）。

　元素名稱：元素的名字，括弧內為其英文。

❷ 元素資料 該元素的詳細資料。

　原子量：定義質量數12的碳原子（^{12}C）之質量為12時，這種元素的平均質量，就是其原子量。不過，如果是沒有穩定同位素的元素，則會以最常見的放射性同位素之質量數做為該元素的原子量，並加上（ ）。

　常溫下狀態、顏色：常溫常壓下，該元素的元素態物質是氣態、液態，還是固態。外觀又是什麼顏色。

　熔點、沸點：元素態在常溫下的熔點、沸點。詳情請見用語解說（→p.181）。

　密度：常溫常壓下，單位體積之元素態物質的質量。單位為g/cm^3、g/L。

　發現年、發現者：這種元素是於何時、由何人發表。

　分類

❸ 插圖 以插圖說明這種元素的重點。

❹ 小測驗 確認您是否理解的問答。

❺ 這裡是重點 考試時的重點。

❻ 週期表上的位置 以縮圖表示該元素在週期表上的位置。

❼ 解說 說明這種元素的重點。

❽ 專欄 說明與這種元素有關的小知識。

第 **1** 章

第1週期～第3週期

學生們所熟悉的週期表口訣「氫氦鋰鈹⋯⋯」中會提到的元素，都是原子序較小的元素。這些元素多不會以元素態的形式存在於自然界，而是會組合成化合物，是化學書籍中登場次數最多的基本元素。除了元素態的性質之外，讓我們也來看看各元素的代表性化合物有哪些性質吧。

1
H

氫
[Hydrogen]

元素筆記

原子量 1.0079	**常溫下狀態** 氣態	**熔點** -259℃	**沸點** -253℃
密度 0.09 g/L	**發現年** 1766年	**發現者** 亨利・卡文迪什	
顏色 無色	**分類** 非金屬		

氫氣相當輕，可以用於填充飛行船或氣球（為了避免爆炸事故，近年來改以氦氣代替）。

氫是宇宙第一多的元素，佔了宇宙的7成質量，第二多的元素則是氦。其他元素加起來還不到1%。

水分子H₂O
是折線形。

104.5°

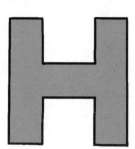

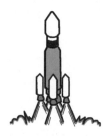

液態氫可以做為火箭的燃料。

燃料電池是藉由氫氣與氧氣的反應產生電能。

最近有廠商開發出以氫氣做為燃料的氫動力汽車。

○ ×
小測驗

氫難溶於水。

（16中心試驗改）

012

這裡是重點

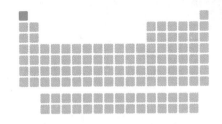

✓ 元素態的氫是很輕的氣體
✓ 與氧氣反應後可得到水

氫的燃燒

將火柴靠近裝有氫的試管時，氫會與空氣中的氧氣反應，發出啵的一聲，燃燒後生成水。

$$2H_2 + O_2 \rightarrow 2H_2O$$

pH（氫離子指數）

pH是水溶液酸鹼度的指標，以水溶液的氫離子濃度$[H^+]$定義之。pH愈小酸性愈強，pH愈大鹼性愈強。

$$pH = -\log_{10}[H^+]$$

專欄
氫存在於許多地方

氫的活性很高，能與氧反應產生水，故地球上幾乎沒有以元素態存在的氫。不過當我們把目光轉向宇宙時，會發現宇宙中有大量以氣體形式存在的氫。整個宇宙中，氫約佔了7成質量，故氫是宇宙中含量最多的元素。

氫與氧反應時會發生電子傳遞，進而產生電能。以此原理製成的燃料電池發電效率相當高，既節能又環保而備受期待。特別是搭載了燃料電池的氫動力汽車，行進時不會排放出二氧化碳，對環境相當友善，因而各廠商正積極開發中。

A ⋮ ○ … 因為難溶於水，故可用排水集氣法收集。

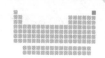

$\overset{2}{\text{He}}$

氦

[Helium]

原子量 4.0026	常溫下狀態 氣態	熔點 -272℃（加壓下）	沸點 -269℃
密度 0.179 g/L	發現年 1868年	發現者 諾曼・洛克耶・愛德華・弗蘭克蘭	
顏色 無色	分類 非金屬、惰性氣體		

非常輕的氣體，
可以用於填充氣球。

在所有元素中是沸點最低的元素。

變聲用。
吸入氦氣後可以
提高聲音。

氦的性質

　　質量非常小的氣體，只比氫氣還重。是惰性氣體的一種，為單原子分子。以元素態存在，極為穩定，幾乎不會產生反應。

氦的應用

　　最常見的應用例子是填充至氣球中。氦比空氣輕，且活性遠小於氫氣，相當安全，故常做為填充用氣體，應用於各種氣球上。

　　液態氦在工業中相當重要。氦是沸點、熔點最低的元素，我們可以用液態氦簡單實現常壓下-269℃（4K）的極端低溫，故當我們需要接近絕對零度的環境（譬如超導體運作環境）時，就會用到液態氦。氦在大氣中僅佔0.0005%，人們對氦的需求日漸增加，供給卻持續不足，已成為了一種社會問題。

專欄

太陽與元素的起源

於白天時看向天空，可以看到太陽一直照耀著我們（如果沒有被雲遮住的話）。我們所居住的地球一到夜晚就會暗下來，無法自行發光。那麼為什麼太陽能夠持續放出光芒呢？

一般認為，太陽由氫和氦組成。事實上，太陽之所以能發光發熱，就是因為這些氫在太陽內「燃燒」的關係。不過，太陽中的燃燒，和我們平常看到的瓦斯爐火燃燒有些不同。事實上，太陽的燃燒是所謂的核融合反應，與我們平常說的燃燒是完全不同的現象。

以下讓我們稍微介紹一下什麼是核融合吧。

核融合的「核」指的是原子核。原子核位於原子中心，是原子中帶有正電荷的部分。核融合如其名所示，是由數個原子核「融合」成較大原子核的過程。

太陽內，數個氫原子核會產生核融合反應，形成較大的氦原子核。發生核融合時，會釋放出大量的熱至周圍。這些熱能大小遠遠超過瓦斯爐燃燒時產生的熱能。1 g的氫進行核融合時所產生的熱，可以讓25公尺游泳池的水全部沸騰。核融合所產生的龐大能量，讓太陽能夠發出光芒，傳到地球。

像太陽一樣能自行產生核融合反應而發光的星體稱做恆星。太陽的核融合反應僅能得到氦，不過比太陽更大的恆星卻能夠產生出比氦還要大的原子核。經由核融合反應得到的原子核，最後便形成了構成我們的身體與周圍各種物體的原子。

3
Li

鋰
[Lithium]

元素筆記

原子量 6.941	常溫下狀態 固態	熔點 181℃	沸點 1347℃
密度 0.534 g/cm³	發現年 1817年	發現者 約翰‧奧古斯特‧阿韋德松
顏色 銀白色	分類 鹼金屬

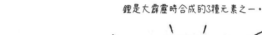

鋰是大霹靂時合成的3種元素之一。

鋰是很軟的金屬，
可以用刀子輕易切開。

紅色

鋰離子在
焰色反應中
呈現紅色

鋰離子電池
是近年來備受矚目的技術之一。

近年來鋰離子漸受重視，
採掘量也大幅增加。

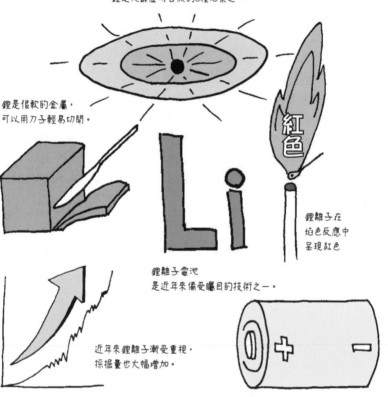

○ ×
小測驗

鋰可用做電池材料。

（14中心試驗）

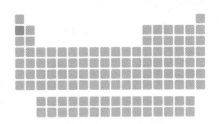

✓ 焰色反應中呈現紅色
✓ 離子化傾向很大，容易成為陽
　離子

焰色反應

含有鋰的化合物放入火焰中時會呈現出紅色的焰色反應。

離子化傾向大

鋰的離子化傾向極大，故相當容易釋放出電子，成為陽離子。常溫下能與水反應產生氫氣。

$$2Li + 2H_2O \rightarrow 2LiOH + H_2$$

專欄

鋰離子電池

聽到「鋰」這種物質，一般人可能很難想像得到它在我們日常生活中有什麼應用。但事實上，某種現代人最常用的工具中一定看得到鋰，那就是手機的電池。

這種電池又叫做「鋰離子電池」，是一種充電電池。最常見的鋰離子電池中，正極是鋰鈷氧化物$Li_{0.5}CoO_2$，負極是石墨C與Li的化合物，當Li離子由負極移動到正極時電池便會放電。鋰離子電池是可充電電池，充電時，Li離子會從正極移動到負極。

鋰離子電池相對輕盈，卻可以儲存相當大的電量，除了手機電池之外還有許多用途。現在鋰離子電池已是我們生活中不可或缺的電池了。

A　　○… 多種機器都會用到鋰離子電池。

4
Be

鈹
[Beryllium]

原子量 9.0122		**常溫下狀態** 固態		**熔點** 1287℃		**沸點** 2472℃（加壓下）
密度 1.848 g/cm³		**發現年** 1797年		**發現者** 路易·尼古拉·沃克蘭	
顏色 銀白色		**分類** 金屬			

專欄

在寶石內也找得到

鈹（beryllium）這個名字來自發現這種元素的綠柱石（beryl）。最美麗的綠柱石可以做為寶石，譬如祖母綠便是含有微量鉻的綠柱石。

祖母綠的原石 —— 綠柱石中可以找得到鈹。

專欄

地球上最多的元素是？

週期表上列出了許多不同的元素。目前已知的元素有118個，那麼這些元素中，哪種元素在地球上的含量最多呢？首先來看看我們所住的地球表面有哪些元素。

地球表面——地殼的元素組成有多種說法，不過幾乎所有的調查結果都顯示，氧是地殼含量最多的元素（質量比）。這是因為，地殼岩石的主成分就是二氧化矽等含有氧原子的物質。那麼，整個地球中，哪種元素的含量最多呢？我們無法直接測定整個地球的元素組成，在各種科學方法的推論下，一般認為整個地球含量最多的元素應該是鐵。這是因為，一般認為地球的中心部分——地核含有大量的鐵。

5
B
硼
[Boron]

元素筆記

原子量 10.806	**常溫下狀態** 固態	**熔點** 2077℃	**沸點** 3870℃
密度 2.34 g/cm³	**發現年** 1808年	**發現者** 約瑟夫‧路易‧給呂薩克、路易‧特納、漢弗里‧戴維	
顏色 灰黑色	**分類** 類金屬、硼族		

混入硼酸H₃BO₃製成的硼酸玻璃
可以做為燒杯與試管的材料。

硼酸有殺菌作用。
硼砂丸可以用於
驅逐蟑螂。

硼的性質

　　灰黑色固體，存在7種同素異形體，主要差異在於結晶形態。其結晶的化學活性低，也具有耐氫氟酸與耐鹽酸等特性。

硼的化合物

　　三氟化硼BF_3為代表性的鹵化物，是不符合八隅體規則（原子最外層的電子數為8個時，化合物較穩定的經驗法則）的代表例子。

硼的應用

　　元素態的硼應用較少，硼的化合物卻可應用在許多地方。硼酸玻璃就是一種常見的應用，除此之外，硼酸H_3BO_3還可用於製作老鼠藥或殺蟲劑。工業上則可用於半導體、磁石、超硬材料等。

6 C

碳

[Carbon]

元素筆記

原子量	12.0116	常溫下狀態	固態	熔點	3550℃	沸點	4827℃ (昇華)
密度	3.513 g/cm³	發現年	古代	發現者	不明
顏色	黑色、無色	分類	非金屬、碳族

※熔點、密度為鑽石的數值

石墨是碳的同素異形體，
也叫做黑鉛，
有良好的導電度與導熱度。

二氧化碳為碳的化合物。
呼吸時會吸入氧氣，
吐出二氧化碳。

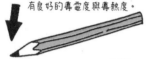
富勒烯是碳的
同素異形體，
由60個碳原子組成，
形成是球般的形狀。

乾冰是由二氧化碳組成的固體，
常壓下的昇華點約為-79℃，
會由固體直接變成氣體。

鑽石是碳的同素異形體，
是共價鍵形成的結晶，
無法導電，是自然界中最硬的物質。

植物行光合作用時，
會藉由太陽光的能量
吸入二氧化碳，
吐出氧氣。

木炭沒有固定的
結晶形態，
是一種無定形碳。

碳在不完全燃燒時
會產生一氧化碳，
是對人類有毒的氣體。

小測驗　　鑽石和石墨哪種可以導電呢？

（11中心試驗改）

這裡是重點

✓ 弄懂鑽石與石墨這2種同素異
　形體的差異
✓ 鍵結的個數可以說明兩者硬度
　與導電性的差異

碳的同素異形體

　　碳存在著多種同素異形體，以下讓我們來看看其中最具代表性的鑽石與石墨。

　　鑽石中，碳原子的4個價電子分布於正四面體頂點的4個方向，可分別與相鄰的碳原子形成共價鍵，進而形成結晶。共價鍵相當堅固，故鑽石非常硬，且因為價電子全部用於形成鍵結，故無法導電。

　　石墨中，4個價電子中有3個會形成共價鍵，使石墨分子成為由多個正六邊形鋪成的平面，再堆疊成層狀結晶。層與層之間以相對弱的凡德瓦力連接，故石墨相當軟。未形成鍵結的電子可以自由移動，故石墨能導電。可用於製作鉛筆筆芯與電極。

專欄

奈米碳管

　　再來介紹幾種鑽石與石墨以外的同素異形體吧。

　　您有聽過奈米碳管嗎？奈米碳管是將平面狀的石墨捲成直徑0.4～50nm的圓筒狀分子，擁有多種特性，不僅可以導電，重量只有鋁的一半，強度還是鋼鐵的約20倍。

　　因此，許多人提出了奈米碳管的未來應用構想，像是半導體、燃料電池、太空電梯的纜線材料等，是一種備受期待的分子。

A　　石墨。沒有用於鍵結的價電子可以自由活動。

一氧化碳的性質

　　一氧化碳CO是由1個碳原子與1個氧原子鍵結而成的分子。有機物不完全燃燒時會生成一氧化碳，是種無色無臭、難溶於水的氣體，但有很強的毒性。一氧化碳與血液中血紅素的親和性約是氧氣的200倍，故一氧化碳中毒時會出現缺氧症狀。

　　在實驗室製備一氧化碳時，會將蟻酸HCOOH與濃硫酸混合加熱後製得。

$$HCOOH \rightarrow CO + H_2O$$

工業上製造一氧化碳時，會將高溫水蒸氣通過燒得紅熱的焦碳後製得。

$$C + H_2O \rightarrow CO + H_2$$

　　一氧化碳擁有還原性，會從其他物質身上奪走氧氣。由以上方法製造出的一氧化碳可以用於金屬的精鍊。

$$Fe_2O_3 + 3CO \rightarrow 2Fe + 3CO_2$$

專欄

碳循環

　　我們身邊到處都可以看得到碳的存在，這些碳元素是從何而來的呢？讓我們以大氣中的二氧化碳為起點，追蹤碳的路徑吧。

　　大氣中的二氧化碳會在植物的光合作用下轉變成糖。

$$6CO_2 + 6H_2O \rightarrow C_6H_{12}O_6 + 6O_2$$

　　植物的遺體、或者吃掉這個植物的動物的遺體在很長一段時間後會成為化石，再變成石油。石油不只可以做為燃料燃燒，也可以精製成各種有機化合物，如寶特瓶、纖維等產品。當這些產品成為垃圾、焚化之後，釋放出來的二氧化碳便會回到大氣中。

○ ×
小測驗

一氧化碳易溶於水。

（15中心試驗改）

二氧化碳的性質

二氧化碳CO_2是由1個碳原子與2個氧原子鍵結而成的分子。二氧化碳可透過有機物完全燃燒或生物呼吸等情況產生，約佔了空氣體積的0.04%。常溫常壓下是無色無味的氣體，稍溶於水。因為二氧化碳比空氣還重，故實驗室製備二氧化碳時，會以向上排氣法收集。二氧化碳溶於水中的反應如下所示。

$$CO_2 + H_2O \rightleftharpoons H^+ + HCO_3^-$$

由於這個反應會產生H^+，故水溶液會呈現弱酸性。雨中溶有二氧化碳時，其pH約為5.6。我們一般說的酸雨的pH值比5.6還要小，但pH 5.6已足以溶解石灰岩。

二氧化碳與水反應後可生成酸，故也叫做酸性氧化物。酸性氧化物與鹼中和後可以得到鹽類。譬如說，二氧化碳可以和氫氧化鈉反應產生碳酸鈉Na_2CO_3。

$$CO_2 + 2NaOH \rightarrow Na_2CO_3 + H_2O$$

乾冰

乾冰是固態二氧化碳。將乾冰放在室溫下時，會從固態逐漸轉變成氣態，故體積會愈來愈小。固態的冰需要先轉變成液態的水，才能再轉變成氣態的水蒸氣。不過二氧化碳在常壓下卻不存在液態形式。

像這種直接從固態變成氣態的現象稱做昇華，相反的，從直接從氣態變成固態的現象則稱做凝華。

二氧化碳在常壓下不存在液態形式，不過若對氣態二氧化碳施加高壓，便可看到二氧化碳先液化後才轉變成固態。

A ✘ … 一氧化碳難溶於水。

氮

[Nitrogen]

元素筆記

原子量 14.0064	**常溫下狀態** 氣態	**熔點** -210℃	**沸點** -196℃	
密度 1.251 g/L（0℃）	**發現年** 1772年	**發現者** 丹尼爾‧盧瑟福		
顏色 無色	**分類** 非金屬、氮族			

地球大氣中有78%是氮氣N_2。

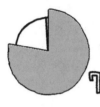

N_2
78%!

氨NH_3有刺激性臭味，
不能直接聞它的氣味。

硝酸HNO_3連銅和銀都能溶解。

酸雨會使植物枯死，
氮氧化物就是
酸雨的成分之一。

將玫瑰花浸在
液態氮內後會碎裂
（因為水分會結凍）。

氮、磷、鉀是肥料的三要素。
氮肥可以幫助葉和莖的成長。

⭕ ❌
小測驗

氮分子內含有氮氮三鍵。

（14中心試驗）

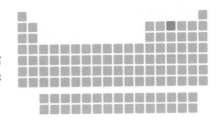

✓ 氮與硝酸的工業製造方法（哈伯－博施法與奧士華法）要特別記下來

氮的性質

氮原子是有5個價電子的第15族元素。當2個氮原子鍵結在一起的時候，5個價電子中的3個電子會形成共用電子對，也就是三鍵。

元素態的氮氣N_2，佔了空氣中所有氣體的約78%，活性很低。常溫下的N_2幾乎不會起任何反應。

另外，氮氣的沸點-196℃也相當低，故液態氮可以做為冷卻劑使用。

專欄

液態氮的實驗

我們的社群——東大CAST有在進行用液態氮冷卻其他物質的實驗。讓我們來看看其中幾個比較有趣的實驗吧。

首先，在一個罐子內加入液態氮。於是，罐子周圍的空氣就會開始冷卻，沸點比氮還要高的氧氣就會液化，在罐子周圍凝結成液態。若將點燃的線香靠近罐子，便會與液態氧反應，開始激烈燃燒。

另外，若把超導體浸在液態氮內冷卻，再將其放在釹磁石做成的軌道上，便會在邁斯納效應與磁通釘扎效應的作用下，使冷卻的超導體浮在軌道上滑動。

東大CAST已將實驗影片上傳至YouTube，請您一定要看看（※僅有日文影片）。

A ○ … 氮氣分子的鍵結會共用3對電子，故為三鍵。

氨NH₃的性質

氨是無色、有刺激性臭味的氣體。易溶於水，溶解於水中時為弱鹼性。

在實驗室內製備氨時，會將氯化銨NH_4Cl與氫氧化鈣$Ca(OH)_2$混合加熱，便可生成氨。這個反應中，氯化銨是弱酸性的鹽類，氫氧化鈣則是強鹼，故反應後會生成弱鹼。

$$2NH_4Cl + Ca(OH)_2 \rightarrow CaCl_2 + 2H_2O + 2NH_3$$

哈伯—博施法

工業上會用哈伯—博施法來大量製造氨。這個方法中，會以四氧化三鐵Fe_3O_4做為催化劑，使氫氣與氮氣反應成氨。

$$N_2 + 3H_2 \xrightarrow{Fe_3O_4催化劑} 2NH_3$$

專欄

NOₓ是什麼？

NOₓ是氮氧化物的總稱。氮擁有一氧化氮NO、二氧化氮NO_2、四氧化二氮N_2O_4等各種不同的氮氧化物。

其中，一氧化氮NO與二氧化氮NO_2是化學實驗中常使用的氣體，教科書上也常可看到，故各位應該比較熟悉這2種氣體才對。NOₓ是導致酸雨、光化學煙霧、空氣汙染的原因物質。NOₓ溶於水中時會形成硝酸這種強酸，故當NOₓ溶於雨滴時會形成酸雨，溶解地面上的銅像。

目前各廠商正在開發NOₓ排放量低的汽車等，持續嘗試著盡可能不要排放出NOₓ。

○ ×
小測驗

濃硝酸需存放在棕色瓶內。

（12中心試驗改）

硝酸HNO₃的性質

硝酸為無色液體,具揮發性。稀硝酸、濃硝酸皆有很強的酸性。

另外,因為硝酸在光的照射下會分解出二氧化氮,故通常會存放在棕色瓶內,置於暗處保存。

奧士華法

工業上會以奧士華法來生產硝酸。

① 將氨與空氣混合,以鉑為催化劑,在高溫下反應。

$$4NH_3 + 5O_2 \xrightarrow{\text{Pt催化劑、800℃}} 4NO + 6H_2O$$

② 將①所得到的一氧化氮再次氧化,形成二氧化氮。

$$2NO + O_2 \rightarrow 2NO_2$$

③ 將二氧化氮與水反應,即可得到硝酸。副產品的一氧化氮可再用於②。

$$3NO_2 + H_2O \rightarrow 2HNO_3 + NO$$

專欄

 ## 稀硝酸和濃硝酸有什麼不同呢?

一般來說,我們會把濃度在60%以上的硝酸叫做濃硝酸、60%以下的硝酸叫做稀硝酸。稀硝酸與濃硝酸皆屬於強酸,氧化力都很強,可以溶解各種金屬。那麼不同濃度下的硝酸有什麼差異呢?

事實上,做為氧化劑使用時,不同濃度的硝酸,反應生成物也會不一樣。舉例來說,將銅溶解在稀硝酸內時,會產生硝酸銅與一氧化氮;若將銅改溶解在濃硝酸內,則會產生硝酸銅與二氧化氮。

$$3Cu + 8HNO_3(稀) \rightarrow 3Cu(NO_3)_2 + 4H_2O + 2NO$$
$$Cu + 4HNO_3(濃) \rightarrow Cu(NO_3)_2 + 2H_2O + 2NO_2$$

也就是說,反應時如果用的是濃度不同的硝酸,反應式也會不一樣。

A ⃝ … 濃硝酸會被光分解,生成二氧化氮。

8
O

氧
[Oxygen]

元素筆記

原子量 15.99903	**常溫下狀態** 氣態	**熔點** -218℃	**沸點** -183℃
密度 1.429 g/L（0℃）	**發現年** 1771年	**發現者** 卡爾·威廉·舍勒	
顏色 無色	**分類** 非金屬、氧族		

O₃
在距地面10〜50km的高空中有大量臭氧O₃（臭氧層）。

地殼

氧是地殼中含量最豐富的元素。

O₂
21%

氧氣O₂佔了地球大氣的21%，僅次於氮氣。

鐵被氧氣氧化後會變成紅鐵鏽。

氧氣是燃燒時不可或缺的氣體。

呼吸時會吸入氧氣O₂，吐出二氧化碳CO₂。

做為消毒液使用的雙氧水就是過氧化氫H₂O₂的水溶液。

○ ×
小測驗　　**氧不存在同素異形體。**

（17中心試驗）

這裡是重點

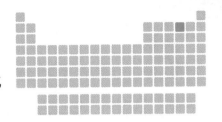

✓ 地殼中最多的元素
✓ 可以和許多元素反應，形成氧化物
✓ 有同素異形體（O_2與O_3）

氧氣的製備

在過氧化氫水（雙氧水）或氯酸鉀$KClO_3$溶液中，加入二氧化錳（Ⅳ）MnO_2做為催化劑，可以使其分解出氧氣O_2。

$$2H_2O_2 \rightarrow 2H_2O + O_2$$
$$2KClO_3 \rightarrow 2KCl + 3O_2$$

臭氧的生成

在氧氣中進行無聲放電，或者以強烈紫外線照射氧氣，便可使氧氣O_2轉變成同素異形體的O_3。

$$3O_2 \rightarrow 2O_3$$

大量存在於我們身邊的氧化物

我們的生活周遭充滿了氧——聽到這句話，大部分的人應該會想到空氣中無色透明的氧氣吧。確實，空氣中有21％是氧氣，不過除了氧氣之外，氧還能與其他元素組成各種「氧化物」，存在於我們的生活周遭。舉例來說，土壤與岩石的主要成分是矽的氧化物——二氧化矽SiO_2，單槓表面的黑色物質是鐵的氧化物——四氧化三鐵Fe_3O_4，而讓我們備受苦惱的老化現象也和氧化物（正確來說是活性氧）有密切關係。多了解氧的特性，或許能在各方面幫助到您的生活喔。

A   ✗ … 氧有O_2與O_3（臭氧）等2種同素異形體。

9 F

氟
[Fluorine]

元素筆記

原子量 18.9984	常溫下狀態 氣態	熔點 -220℃	沸點 -188℃
密度 1.696 g/L（0℃）	發現年 1886年	發現者 亨利·莫瓦桑	
顏色 淡黃色	分類 非金屬、鹵素		

氟是所有元素中電負度最大的元素，吸引其他原子之電子的力道很強，故反應性很大。

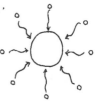

氟對人體有很強的毒性，許多研究氟的科學家因氟的毒性而吃了不少苦頭。

氟化氫的沸點為19.5℃，是鹵化氫物質中沸點相對高的化合物。

氟化氫的氧化力很強。

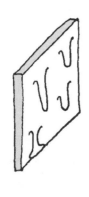

氟化鈉可用於預防齲齒。

氫氟酸可以溶解玻璃，故需用聚乙烯等容器保存。

螢石是主要成分為氟化鈣的礦物，可用於製作鏡頭。

小測驗 ┊ **保存氫氟酸的容器是哪種原料製成的呢？**

（12中心試驗改）

這裡是重點

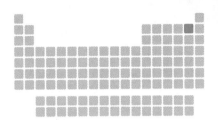

- ✓ 唯一會與水反應產生氧氣的鹵素
- ✓ 因為有氫鍵，故氟化氫的沸點也特別高

元素態氟的反應

第17族的元素稱做「鹵素」，氟就是一種鹵素。鹵素的反應性很高，氧化力也很強。

其中，原子序最小的鹵素──氟，反應性又特別強。舉例來說，即使是在低溫、陰暗處，氟也能與氫產生爆發性反應，生成氟化氫。另外，與其他鹵素元素不同的地方在於氟可以和水反應產生氧氣。

$$2F_2 + 2H_2O \rightarrow 4HF + O_2$$

氟化氫HF的性質

將螢石（主成分為氟化鈣CaF_2）的粉末與濃硫酸混合並加熱，便可得到氟化氫HF。

$$CaF_2 + H_2SO_4 \rightarrow CaSO_4 + 2HF$$

氟化氫分子間會形成氫鍵，故沸點會比其他鹵化氫分子還要高，其水溶液──氫氟酸為弱酸。

氫氟酸的性質

氟化氫的水溶液──氫氟酸可以溶解玻璃的主成分二氧化矽，故不能裝在玻璃瓶內，而是要以聚乙烯容器保存。

$$SiO_2 + 6HF \rightarrow H_2SiF_6 + 2H_2O$$

A 聚乙烯製…HF會侵蝕玻璃，故不可以裝在玻璃瓶內保存。

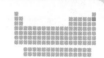

10
Ne

氖
[Neon]

原子量 20.1797	常溫下狀態 氣態	熔點 -249℃	沸點 -246℃
密度 0.9g/L（0℃）	發現年 1898年	發現者 威廉‧拉姆齊、莫理斯‧特拉維斯	
顏色 無色	分類 非金屬、惰性氣體		

在玻璃管內填充氖氣並放電，
可發出橙色光芒。
這種燈稱做霓虹燈，
可用於夜間照明。

氖氣也可用於
產生氦氖雷射。

氖的性質

　　與氦同屬於惰性氣體，故有很高的穩定性，不容易產生化學反應，是反應性最低的元素之一。

　　也因此，和氦一樣，常以元素態的形式應用於各領域。

氖的應用

　　主要用於照明，將氖封入玻璃管後可製成霓虹燈。近年來備受矚目的LASIK手術中會用到的準分子雷射（產生雷射光的裝置），這種裝置內也會用到氖。

專欄

元素週期表的閱讀方式

乍看之下，週期表只是將118種元素列出來的表而已，似乎沒有什麼特別之處。不過只要掌握住2個訣竅，就知道該怎麼運用這張表了。以下就讓我們來看看這2個訣竅吧。

① 典型元素要縱向看！
② 過渡元素要橫向看！

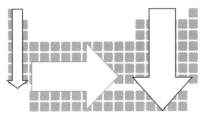

所謂的典型元素，指的是週期表中第1族、第2族、第12至18族的元素；過渡元素則是指第3至11族的元素（有時也會將第12族視為過渡元素）。

這是以**價電子**數目為基準的閱讀方式。所謂的價電子，指的是位於原子最外側的電子殼層，與化學反應有關的電子。價電子數相等，通常也表示「會產生同樣的化學反應」＝「擁有類似性質」。

除了惰性氣體以外，所有典型元素的**價電子數皆與該元素所屬族編號的個位數相同**（惰性氣體是例外，其價電子數為0）。舉例來說，之後會提到第13族的鋁（→p.038），其價電子數就是3。也就是說，同一「縱行」的元素會展現出類似的性質。也因此，我們會將某些同一縱行的元素歸為一類，將其命名為鹼金屬、鹵素、惰性氣體等。

過渡元素**擁有的價電子數大多與相鄰過渡元素相同**。舉例來說，之後會提到的鐵（→p.072）、鈷（→p.076）、鎳（→p.077）的價電子數都是2。而且，這3種元素都能製成磁石。下一個元素——銅（→p.078）的價電子為1，由此可看出並不是同一橫列元素的價電子數都相同。不過，同一「橫列」的元素，通常都會擁有類似性質。

11
Na

鈉
［Sodium］

元素筆記

原子量 22.9897	**常溫下狀態** 固態	**熔點** 98℃	**沸點** 883℃
密度 0.971 g/cm³	**發現年** 1807年	**發現者** 漢弗里・戴維
顏色 銀白色	**分類** 鹼金屬

NaCl

NaHCO₃

食鹽、小蘇打等
生活中常見的物質
皆含有鈉。

氫氧化鈉是強鹼。
固態氫氧化鈉靜置於空氣中時，
會吸收空氣中的水分進而「潮解」。

NaOH

黃色！

鈉會呈現黃色的
焰色反應。
可用於煙火。

元素態的鈉接觸到水時
會產生劇烈反應，生成氫氣。

神經細胞等產生、
傳輸電訊號時，
鈉離子是不可或缺的物質。

元素態的鈉不僅會和
水反應，也會和空氣
中的氧氣反應。
因此需存放在煤油等
液體內。

○ ×
小測驗　　**鈉會與空氣中的氧氣及水反應，故需存放於乙醇中。**

（12中心試驗改）

這裡是重點

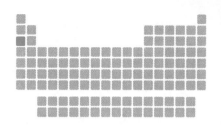

✓ 會呈現黃色的焰色反應
✓ 離子化傾向很大，易被氧化
✓ 會與水產生劇烈反應

元素態的Na（鹼金屬）的反應

在空氣中會馬上氧化，失去金屬光澤。

$$4Na + O_2 \rightarrow 2Na_2O$$

常溫下會與水產生劇烈反應，產物為氫氧化物，是強鹼。

$$2Na + 2H_2O \rightarrow 2NaOH + H_2$$

氫氧化鈉NaOH的性質

氫氧化鈉會吸收空氣中的水分並溶解，這就是所謂的潮解。
亦可吸收空氣中的二氧化碳，轉變成碳酸鈉。

$$2NaOH + CO_2 \rightarrow Na_2CO_3 + H_2O$$

專欄

 鹼金屬的性質

鹼金屬是週期表中除了氫以外的第1族元素。鹼金屬易形成1價陽離子，一般來說會擁有以下性質。①銀白色的金屬，質輕且軟，熔點低。②可表現出焰色反應。③靜置於空氣中會很快氧化，失去金屬光澤。④還原力很強，常溫下會與水產生劇烈反應。③與④的反應式如上所示。

因為鹼金屬擁有這些性質，故元素態的鹼金屬不能暴露於空氣中，而是要存放在不含水分的煤油中。煤油的密度約為0.8 g/cm^3，故質輕的鹼金屬能夠沉在底下，不會與空氣接觸。

A　　✗ … 鈉會與乙醇反應，生成乙醇鈉。需置於煤油內保存。

12
Mg

鎂

[**Magnesium**]

元素筆記

原子量	24.304	常溫下狀態	固態	熔點	650℃	沸點	1095℃
密度	1.738 g/cm³	發現年	1808年	發現者	漢弗里·戴維		
顏色	銀白色	分類	金屬				

葉綠素的必備成分，
也是重要的肥料成分。

燃燒時會發出強烈白光。

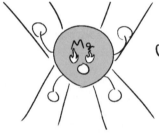

還原力很強，
可以從CO_2身上搶走氧。

是一種
必須礦物質。

第2族中只有Mg和Be
不屬於鹼土金屬。

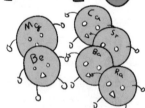

是相當輕的金屬材料。

○ ×
小測驗

Mg不會表現出焰色反應。

（12中心試驗）

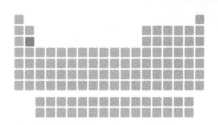

✓ 不屬於鹼土金屬

✓ 不會表現出焰色反應

✓ 可以與熱水反應，生成氫氧化物

鎂的燃燒

鎂在強熱後會發出白色光芒並開始燃燒，轉變成氧化鎂MgO。

$$2Mg + O_2 \rightarrow 2MgO$$

鎂與水的反應

鎂幾乎不會與常溫的水反應，卻能與熱水反應，生成弱鹼且難溶於水的氫氧化鎂$Mg(OH)_2$。

$$Mg + 2H_2O \rightarrow Mg(OH)_2 + H_2$$

 專欄

有些不可思議的鎂的性質

我們一般會把週期表的第2族元素稱做鹼土金屬，這裡卻將鎂Mg和位於其上方的鈹Be排除在鹼土金屬之外[※]。這是因為，Mg與Be有著一般鹼土金屬所沒有的特殊性質。舉例來說，鹼土金屬都會表現出焰色反應，Mg和Be卻不會；鹼土金屬會與冷水反應，Mg和Be卻不會；鹼土金屬的硫酸鹽難溶於水，Mg和Be的硫酸鹽卻可以溶於水中⋯⋯。不過，Mg和Be也有某些與鹼土金屬共通的性質，譬如說它們的碳酸鹽都難溶於水。因此，**除了要記得第2族元素的共通性質之外，也要記得Mg和Be與鹼土金屬之間的差異**，這將有助於您理解它們的性質。

（※譯註：此為日本的教材寫法。台灣一般會將所有第2族元素皆視為鹼土金屬）

A　　◯ ⋯ Mg不屬於鹼土金屬，與其他第2族元素有某些不同之處。

13 Al

鋁 [Aluminium]

元素筆記

原子量	26.9815	常溫下狀態	固態	熔點	660℃	沸點	2520℃
密度	2.698 g/cm³	發現年	1825年	發現者	漢斯‧克里斯提安‧厄斯特
顏色	銀白色	分類	金屬、硼族

紅寶石、藍寶石等寶石
是混有某些金屬離子的氧化鋁結晶。

鋁熱反應是用鋁還原
氧化鐵等金屬氧化物，
會產生大量的熱。

鋁的合金之一，
杜拉鋁兼具質輕與
堅硬等特性，
故可用於飛機製造。

鋁是資源回收率
相當高的材料。

和鐵之類的其他金屬相比，
鋁的質量比較輕。

將自然界的鋁還原成元素態
需要消耗大量電力，
故鍊鋁也被稱做耗電怪獸。

1圓日幣是由純鋁製造而成。
製造1個1圓日幣的成本
超過1日圓。

○ ×
小測驗

鋁可以打得很薄、拉得很長。

（14中心試驗）

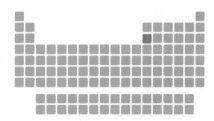

✓ 元素態鋁需以「熔鹽電解」法提煉

✓ 鋁是兩性元素，故可以和酸、也可以和鹼反應

鋁 Al 的特徵

鋁為第13族元素，鋁原子有3個價電子，容易形成 3 價陽離子 Al^{3+}。

元素態的鋁是密度相對小的銀白色金屬，但就低密度的金屬而言，鋁卻擁有很高的強度，且富有延性與展性，導電性也很好。

熔鹽電解（過去曾稱做「熔融鹽電解」）

一般來說，離子化傾向較大的金屬無法藉由電解其水溶液來得到其元素態。因此，只能先將這種金屬的鹽類或氧化物加熱熔化，再將其電解，才能獲得元素態的金屬。這種方法稱做熔鹽電解。不僅元素態的鋁要使用這種方式製造，鹼金屬、鹼土金屬、鎂等金屬，皆需用這種方式提煉。

鋁土礦（主成分為 $Al_2O_3 \cdot nH_2O$）可用來提煉鋁。先除去鋁土礦的矽與鐵等，使其成為較純的氧化鋁 Al_2O_3，再將其溶於熔化的冰晶石 $Na_3[AlF_6]$ 中。

$$Al_2O_3 \rightarrow 2Al^{3+} + 3O^{2-}$$

以碳做為電極，電解這個溶液，便可看到陰極析出元素態的鋁。因為電解時的溫度很高，故陽極電極的碳也會產生反應。

$$（陰極）Al^{3+} + 3e^- \rightarrow Al$$
$$（陽極）C + O^{2-} \rightarrow CO + 2e^-，C + 2O^{2-} \rightarrow CO_2 + 4e^-$$

A　　〇 … 鋁是金屬，故有很好的展性。

兩性元素

　　兩性元素指的是能夠與酸（譬如鹽酸HCl）反應，也能與鹼（譬如氫氧化鈉NaOH）反應的元素。主要包括Al、Zn（鋅→p.082）、Sn（錫→p.106）、Pb（鉛→p.132）等。

　　Al和鹽酸反應後可溶於水中，並產生氫氣。

$$2Al + 6HCl \rightarrow 2AlCl_3 + 3H_2$$

　　濃硝酸雖然也是酸，但鋁和濃硝酸反應後會在表面形成緻密的氧化物外膜，保護內部不產生氧化反應，這個過程稱做鈍化。

　　鋁也可以和氫氧化鈉水溶液反應，產生氫氣。反應後會生成含有錯離子的四羥基合鋁酸鈉Na[Al(OH)₄]。

$$2Al + 2NaOH + 6H_2O \rightarrow 2Na[Al(OH)_4] + 3H_2$$

明礬

　　硫酸鋁Al₂(SO₄)₃和硫酸鉀K₂SO₄的混合水溶液濃縮後，可以得到硫酸鋁鉀十二水合物AlK(SO₄)₂·12H₂O的正八面體結晶，也叫做明礬。像這種由2種以上的鹽類組成，且保有原先離子成分的鹽類就叫做複鹽。

專欄

杜拉鋁

　　前面提到密度小是鋁的一大特徵。也就是說，鋁會比同體積的其他金屬還要輕。

　　為活用這種特徵，可以將少量的銅Cu、鎂Mg、錳Mn混入鋁中製成合金──杜拉鋁。這種合金質地很輕且強度大，可用於製造飛機機體或汽車零件等。

○ ×
小測驗

在含有Al³⁺的水溶液中加入少量氨水時會產生沉澱，加過量氨水時卻可使沉澱溶解。

（10中心試驗改）

氫氧化鋁AI(OH)₃

在含有鋁離子的水溶液中，加入氨水或少量氫氧化鈉溶液混勻後，會產生白色膠狀的氫氧化鋁AI(OH)₃沉澱。

$$Al^{3+} + 3OH^- \rightarrow Al(OH)_3$$

AI(OH)₃是兩性氫氧化物，可以和酸反應，也可以和強鹼反應，使沉澱溶解。不過，像氨水這種弱鹼，就算加得再多，沉澱也不會有任何變化。

$$Al(OH)_3 + 3HCl \rightarrow AlCl_3 + 3H_2O$$
$$Al(OH)_3 + NaOH \rightarrow Na[Al(OH)_4]$$

氧化鋁AI₂O₃（日本工業上稱其為alumina）

將鋁置於氧氣中加熱後，可以得到氧化鋁AI₂O₃。

$$4Al + 3O_2 \rightarrow 2Al_2O_3$$

AI₂O₃為兩性氧化物，可以和酸或強鹼反應並溶解。另外，混入微量雜質可使其呈現不同顏色，紅寶石與藍寶石即屬之。

專欄

「鋁」不會生鏽嗎？

想必有不少人都覺得「鋁」不會生鏽對吧。因為鋁箔放再久都是閃閃發光的樣子。但這其實是誤解。

鋁的離子化傾向很大，在常見的金屬中，是最容易氧化（最容易生鏽）的金屬。不過當鋁被空氣氧化時，會在表面形成一層非常緻密的AI₂O₃的氧化外膜（鏽），保護內部的鋁不再生鏽。而且，這層外膜非常的薄，幾乎是無色，讓人感覺不到它的存在，所以我們才會有「鋁」不會生鏽的印象。

順帶一提，以人工方式製造出鋁製品氧化外膜的過程，稱做陽極處理。我們日常生活中所碰到的鋁製品幾乎都有經過這樣的處理。

A ✕ … 氨水無法溶解AI(OH)₃的沉澱。如果加入氫氧化鈉水溶液等強鹼，則可使AI(OH)₃沉澱轉變成[AI(OH)₄]⁻錯離子，溶解於水溶液中。

14
Si

矽
[Silicon]

元素筆記

原子量 28.0855	**常溫下狀態** 固態	**熔點** 1412℃	**沸點** 3266℃
密度 2.329 g/cm³	**發現年** 1823年	**發現者** 永斯・貝吉里斯	
顏色 暗灰色	**分類** 類金屬、碳族		

二氧化矽SiO₂的結晶
稱做石英。

矽單晶有著
金屬般的光澤。

矽為半導體的代表性例子。
可用於IC（積體電路）
與太陽能電池等。

矽的化合物為
玻璃製品的原料。

將矽酸H₂SiO₃加熱、
乾燥後，
可以製成矽膠，
用於餅乾的乾燥劑。

矽氧樹脂可以做成廚具。

○ ×
小測驗

矽膠內有許多細小而親水的孔洞，故可做為乾燥劑使用。

（15中心試驗）

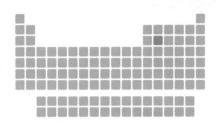

✓ 元素態的矽與二氧化矽皆為共價鍵結晶

✓ 元素態的矽的結晶結構與鑽石相同

元素態的矽（結晶結構與鑽石相同，為共價鍵結晶）

矽為岩石的主要成分之一，在地殼中的含量僅次於氧。而且，自然界不存在元素態的矽，而是以氧化物（二氧化矽SiO_2）的形式存在。我們可以用碳來還原矽氧化物，得到元素態的矽。

$$SiO_2 + 2C \rightarrow Si + 2CO$$

二氧化矽（實驗式SiO_2）

二氧化矽會以石英的形式存在於自然界，是一種共價鍵結晶，堅硬且熔點高。其結晶單元為以Si為中心的正四面體結構，各單元再彼此連接成立體結晶。二氧化矽也是玻璃的主成分，會被氫氟酸溶解。

專欄

半導體

您知道什麼是半導體嗎？改變半導體的溫度，或者在半導體內加入少量雜質，便可改變電流通過半導體的難易度。半導體可以用來控制電子零件（開關或者放大訊號等），故電腦、智慧型手機，以至於各種電器產品都會用到半導體。

半導體中最常用的材料就是矽。其純度需要達到11個9，也就是99.999999999%（eleven nine）才行。純度如此高的半導體才能製成名為積體電路的超小型電路（IC）或太陽能電池等。

A ┊ ○ … 將矽酸H_2SiO_3加熱、乾燥後，便可得到多孔質的矽膠。

15
P

磷
[Phosphorus]

元素筆記

| 原子量 | 30.9738 | 常溫下狀態 | 固態 | 熔點 | 44℃ | 沸點 | 280℃ |

| 密度 | 1.82 g/cm³ | 發現年 | 1669年 | 發現者 | 亨尼格·布蘭德 |

| 顏色 | 淡黃色、暗紅色 | 分類 | 非金屬、氮族 |

※熔點、沸點、密度等為黃磷的數值

磷的同素異形體
包含黃磷與紅磷。
黃磷會自燃，
故需置於水中保存。

紅磷可以製成
火柴盒的側邊磷皮。

P_4O_{10}

磷燃燒後的產物
十氧化四磷（五氧化二磷）
有很強的吸濕性、
脫水性，可製成乾燥劑。

Ca + P!

骨頭和牙齒的主成分
皆為磷酸鈣。

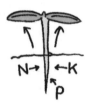

N→ ←K
↓
P

植物生長需要各式各樣的
元素，其中特別重要的是
氮、磷、鉀，又被稱做「肥
料的三要素」。

與遺傳資訊有關的DNA、RNA，
以及做為「生物體內能量通貨」
使用的ATP等
構成生命骨幹的物質皆含有磷。

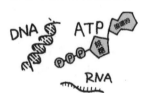

DNA　ATP
RNA

細胞膜是由
雙層磷脂組成的
結構。

小測驗　　**為什麼黃磷必須置於水中保存呢？**

（11中心試驗改）

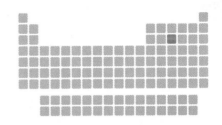

✓ 存在同素異形體
✓ 黃磷需置於水中保存
✓ 紅磷可用於點燃火柴

磷的同素異形體

磷有各式各樣的同素異形體，以下將介紹其中2種。

第1種是黃磷P₄，是由4個磷原子所組成的分子，為淡黃色蠟狀固體。黃磷在空氣中會起火自燃，故需保存在水中。另外，黃磷有很強的毒性。

第2種則是紅磷P。紅磷是深棕色粉末狀固體，因為是由無數個磷原子連接而成，故只能以實驗式表示。具有少許毒性，可用來製成點燃火柴時所用的磷皮等。

專欄

 生物體內的磷

磷是生物不可或缺的元素之一。

包括儲存遺傳資訊的DNA、代謝能量的重要分子ATP、形成細胞膜的磷脂等在內，磷是生物維持生命活動時不可或缺的元素。

除此之外，動物骨頭、牙齒的主成分皆為磷與鈣的化合物。對於植物而言，磷與氮、鉀並列為「肥料三要素」，是植物開花、結實、長出葉子時所需的養分。

這些生物體內的磷，多以磷酸H₃PO₄的形式存在。磷酸易溶於水，最多可以釋放出3個氫離子，是中強度的酸。

A　　因為黃磷在空氣中會起火自燃。

16
S

硫
[Sulfur]

元素筆記

原子量 32.065	**常溫下狀態** 固態	**熔點** 113℃	**沸點** 445℃
密度 2.07 g/cm³	**發現年** 古代	**發現者** 不明	
顏色 淡黃色	**分類** 非金屬、氧族		

※熔點、密度等為斜方硫的數值

硫有斜方硫、
單斜硫、膠狀硫等
各種同素異形體。

H_2SO_4　硫酸是很強的酸，
能溶解多種金屬，
在工業上有許多用途。

※示意圖

濃硫酸
有強烈脫水作用，
可以搶走
砂糖分子內的水
使其碳化，
是很有名的實驗。
還可做為
乾燥劑使用。

溫泉中含有
硫化氫。
我們常說
像腐爛雞蛋的
「硫的氣味」
就來自硫化氫。

是硫的
味道啊……

H_2S

溶於水中的硫化氫
可以和金屬離子反應，
產生特殊顏色的沉澱。

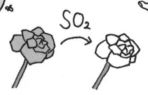

SO_2

火山氣體中含有二氧化硫。二氧化硫有
刺激性臭味，且還原能力強，可做為漂
白劑使用。

-S-S-

硫是蛋白質中相當
重要的元素。硫原
子間的鍵結可以讓
存在於指甲、頭髮
中的角蛋白更為堅
固。

○×
小測驗

斜方硫與單斜硫皆由S_8環狀結構分子組成。

（11中心試驗）

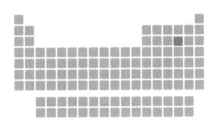

✓ 有3種同素異形體
✓ 濃硫酸有吸濕性、脫水作用
✓ 還原劑（H_2S、SO_2）、氧化劑
　（熱濃硫酸、SO_2）

同素異形體

　　硫有斜方硫、單斜硫、膠狀硫等3種同素異形體。常溫下最穩定的是斜方硫，加熱到120℃左右再冷卻後會得到單斜硫，加熱到250℃左右再丟入水中急速冷卻後會得到膠狀硫。

氧化數與氧化還原反應

　　硫可以形成多種化合物，如下圖所示。每種化合物的硫原子依其氧化數的不同，可以做為氧化劑或還原劑使用。

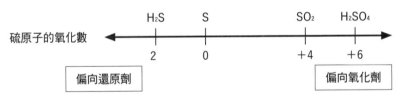

　　H_2S主要做為還原劑使用，加熱後的高濃度H_2SO_4（熱濃硫酸）主要做為氧化劑使用。SO_2在不同反應中可做為氧化劑使用，也可做為還原劑使用。

＜半反應式＞

・H_2S（還原劑）　　　　　　　$H_2S \rightarrow S + 2H^+ + 2e^-$

・SO_2（還原劑）　　　　　　　$SO_2 + 2H_2O \rightarrow SO_4^{2-} + 4H^+ + 2e^-$

・SO_2（氧化劑）　　　　　　　$SO_2 + 4H^+ + 4e^- \rightarrow S + 2H_2O$

・H_2SO_4（熱濃硫酸、氧化劑）　$H_2SO_4 + 2H^+ + 2e^- \rightarrow SO_2 + 2H_2O$

A　　○ … 它們都是硫的同素異形體。

硫酸～性質～

· 濃硫酸

濃硫酸擁有能吸收周圍水分的吸濕性，以及能使有機化合物中的H與OH以水分子H_2O的形式脫離出來的脫水作用。

另外，硫酸的沸點很高，有不揮發性。與揮發性酸的鹽類混合加熱後，會生成揮發性的酸。

$$NaCl + H_2SO_4 \rightarrow HCl + NaHSO_4$$

加熱後的濃硫酸（熱濃硫酸）為很強的氧化劑。

· 稀硫酸

稀硫酸是2價的強酸，可以和離子化傾向比氫還要大的金屬反應，產生氫氣。

$$Zn + H_2SO_4 \rightarrow ZnSO_4 + H_2$$

另外，與弱酸的鹽類混合後，可生成弱酸。

$$Na_2CO_3 + H_2SO_4 \rightarrow Na_2SO_4 + H_2O + CO_2$$

硫酸～製造方法～

工業上會用所謂的接觸法來製造硫酸，是製造二氧化硫SO_2的原料。

＜接觸法＞

① 以五氧化二釩（Ⅴ）V_2O_5為催化劑，將二氧化硫氧化，生成三氧化硫SO_3。

② 將三氧化硫與濃硫酸混合，使其與水反應，提升硫酸的濃度。

$$SO_2 \xrightarrow[V_2O_5]{} SO_3 \xrightarrow[H_2O]{} H_2SO_4$$

（催化劑）

註）二氧化硫的來源通常是精煉石油時得到的元素態硫，將其燃燒後便可得到二氧化硫。

○ ×
小測驗　將水加入濃硫酸時會產生大量的熱。

（13中心試驗）

硫化氫H₂S

有著腐爛雞蛋般的臭味，是無色的有毒氣體。將硫化鐵（Ⅱ）FeS與稀硫酸或稀鹽酸混合後，便可產生硫化氫（生成弱酸）。

$$FeS + H_2SO_4 \rightarrow H_2S + FeSO_4$$

微溶於水，溶液呈弱酸性。可做為強還原劑使用。

將硫化氫通入含有金屬離子的水溶液後，多數金屬離子會和硫離子S^{2-}結合，產生沉澱。

二氧化硫SO₂

有刺激性臭味的無色有毒氣體。將亞硫酸氫鈉$NaHSO_3$或亞硫酸鈉Na_2SO_3，與稀硫酸或稀鹽酸混合，便可產生二氧化硫（生成弱酸）。

$$2NaHSO_3 + H_2SO_4 \rightarrow Na_2SO_4 + 2SO_2 + 2H_2O$$
$$Na_2SO_3 + H_2SO_4 \rightarrow Na_2SO_4 + SO_2 + H_2O$$

可以做為氧化劑，也可以做為還原劑，視反應而定。

溶於水中時會形成亞硫酸H_2SO_3，為弱酸性。

專欄

燙髮的原理

提到硫，應該很多人會想到火山、溫泉等吧。不過事實上，我們的身體內，像是毛髮就含有硫。而我們之所以可以把頭髮燙捲，就是利用了頭髮內所含的硫。

毛髮中有許多由2個S連接而成的「雙硫鍵」，這種鍵結是決定頭髮彈力與硬度的重要因素。若頭髮中的雙硫鍵愈多，頭髮就愈硬；雙硫鍵愈少，頭髮就愈軟。燙髮時會將雙硫鍵暫時切斷，在頭髮變軟的狀態下重塑髮型，之後再重新形成雙硫鍵，使新的髮型能夠維持住。

A ◯ … 所以在稀釋硫酸的時候，需將濃硫酸加入水中。

氯

[Chlorine]

元素筆記

原子量 35.453	**常溫下狀態** 氣態	**熔點** -101℃	**沸點** -34℃
密度 3.214 g/L（0℃）	**發現年** 1774年	**發現者** 卡爾・威廉・舍勒	
顏色 黃綠色	**分類** 非金屬、鹵素		

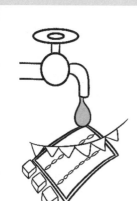

具殺菌作用，
自來水中便含有氯。

氯有漂白作用。

氯氣為黃綠色氣體，
有刺激性臭味。

食鹽是氯和鈉
的化合物。

氯對人體有毒。

電解NaCl水溶液
可以得到氯。

小測驗　試將以下物質的氧化力由高而低排列。Cl_2、Br_2、I_2。

（08中心試驗改）

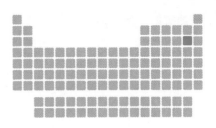

✓ 有很強的氧化力
✓ 於實驗室製備時需以向上排氣法收集

鹵素

週期表中第17族的元素也稱做鹵素，氯就是其中一種鹵素。

鹵素容易形成1價陰離子，元素態為雙原子分子，有色、有毒。

另外，鹵素有很強的氧化力。各鹵素的氧化力大小關係如下所示，原子序愈小的鹵素，氧化力愈強。

$$F_2 > Cl_2 > Br_2 > I_2$$

氯的性質

氯有刺激性臭味，是黃綠色的有毒氣體，比空氣重，可與包括銅（Cu）在內的多種物質形成氯化物。

$$Cl_2 + Cu \rightarrow CuCl_2$$

在光的照射下會與氫氣產生爆炸性反應，生成氯化氫。

$$Cl_2 + H_2 \rightarrow 2HCl$$

氯氣略溶於水，其中一部分的氯會轉變成次氯酸HClO。

$$Cl_2 + H_2O \rightleftharpoons HCl + HClO$$

次氯酸為弱酸，但次氯酸根離子ClO 有很強的氧化力，故可用來為自來水殺菌，也可做為漂白劑使用。

$$HClO + 2H^+ + 2e^- \rightarrow HCl + H_2O$$

A Cl_2，Br_2，I_2 … 原子序愈小，氧化力愈強。

氯的氧化、還原反應

舉例來說，將溴化鉀水溶液與氯水混合後，可以生成溴 Br_2。

$$2KBr + Cl_2 \rightarrow 2KCl + Br_2$$

因為 Cl 的氧化力比 Br 還要強，故 Cl_2 可以將 Br^- 氧化，產生上面的反應。

另一方面，如果將氟化鉀水溶液與氯水混合，卻不會產生以下反應。

$$2KF + Cl_2 \not\rightarrow 2KCl + F_2$$

這是因為 Cl 的氧化力比 F 還要弱的關係。

製造方法

工業上會使用離子交換膜法，電解氯化鈉水溶液以獲得氯。實驗室中則會將二氧化錳（IV）與濃鹽酸混合加熱製得氯。

$$MnO_2 + 4HCl \rightarrow MnCl_2 + 2H_2O + Cl_2$$

氯氣比空氣還要重，故製造出來的氯氣可以用向上排氣法收集。不過，因為濃鹽酸有揮發性，故這種方法所得到的氣體除了氯氣外還會有水（水蒸氣）和氯化氫，若想得到純氯氣的話，還需進一步處理這些氣體。首先，必須將生成的氣體通過水，以去除揮發的濃鹽酸，接著再通過濃硫酸以去除水分，這樣才能得到純氯氣。（※順帶一提，如果先通過濃硫酸再通過水的話，最後得到的氣體會混有水蒸氣，而不是純粹的氯氣。）

另外，將漂白粉 $CaCl(ClO)\cdot H_2O$ 或精製漂白粉 $Ca(ClO)_2$ 與鹽酸混合後，也可以得到元素態的氯氣。

$$CaCl(ClO)\cdot H_2O + 2HCl \rightarrow CaCl_2 + 2H_2O + Cl_2$$
$$Ca(ClO)_2 + 4HCl \rightarrow CaCl_2 + 2H_2O + 2Cl_2$$

○ ×
小測驗

次氯酸有很強的氧化力。

（17中心試驗改）

寫出漂白粉與鹽酸的反應式

專欄

前面提到了漂白粉與鹽酸的反應式，乍看之下很複雜、很難記住，不過只要記得2個重點，就可以自行推導出來這個反應式了。那就是「弱酸生成反應」與「氧化還原反應」。讓我們照順序來介紹吧。

次氯酸HClO為弱酸，故其鹽類（漂白粉）與強酸（鹽酸HCl）混合後，會產生弱酸生成反應。

$$CaCl(ClO) \cdot H_2O + HCl \rightarrow CaCl_2 + H_2O + HClO \cdots ①$$

這個反應中生成的次氯酸HClO可做為氧化劑，與做為還原劑的氯離子Cl^-產生氧化還原反應。

氧化劑　$ClO^- + 2H^+ + 2e^- \rightarrow H_2O + Cl^-$

還原劑　$2Cl^- \rightarrow Cl_2 + 2e^-$

將以上2個反應式相加，便可得到氧化還原反應式。

$$HClO + HCl \rightarrow Cl_2 + H_2O \cdots ②$$

將①與②式相加，便可得到漂白粉與鹽酸的反應式。

「危險！請勿混合使用」的反應

您有沒有在清潔劑上看過「危險！請勿混合使用」之類的警語呢？因為混合含氯清潔劑與酸性清潔劑的話會產生氯氣，所以此類清潔劑上才會特別標註這樣的警語。氯氣有很強的毒性，過去曾經用來做為化學兵器，打掃的時候務必特別注意。

這種反應與前面提到的漂白粉與鹽酸的反應式幾乎完全相同。不過，含氯清潔劑用的不是漂白粉，而是次氯酸鈉NaClO。次氯酸也是弱酸HClO的鹽類，故也會引發弱酸生成反應與氧化還原反應，產生氯氣。

A　　○ … 因此可以做為殺菌劑與漂白劑使用。

18
Ar

氬

[Argon]

元素筆記

原子量 39.948	**常溫下狀態** 氣態	**熔點** -189℃	**沸點** -186℃
密度 1.784g/L（0℃）	**發現年** 1894年	**發現者** 瑞利男爵、威廉‧拉姆齊	
顏色 無色	**分類** 非金屬、惰性氣體		

氬為惰性氣體，幾乎不會產生化學反應，
故可做為日光燈的填充氣體。

氬氣約佔大氣的1%，
只比氮氣、氧氣還少。

大約1%

O_2

N_2

氬的性質

與氦同屬於惰性氣體的一種，是反應性相當低的氣體。氬是大氣中的含量第三多的氣體，約佔1％，只比氮氣、氧氣還要少。一部分的鉀原子核在捕獲電子後會形成氬，故氬在空氣中的比例會比其他惰性氣體還要高。

氬的用途

與氖類似，可以做為照明燈的填充氣體，或者做為雷射裝置的材料。另外，因為氬很穩定，故可做為氣相層析法中的載體氣體。

氬的歷史

瑞利男爵在分析大氣成分時，注意到某種未知氣體的存在，與拉姆齊共同研究後得知其為氬氣。瑞利男爵之後便以此研究獲得了諾貝爾物理學獎。

大學入學考試模擬是非題
（第1～3週期篇）

Q1 點火引燃氫氣與氧氣的混合氣體時，會產生爆炸性反應，並生成水。（16中心試驗）

A1 ◯ 會發生以下反應 $H_2 + O_2 \rightarrow 2H_2O$。

Q2 氫氣在高溫下可以還原多種金屬氧化物。（16中心試驗）

A2 ◯ 氫氣可與氧化物中的氧元素反應，生成元素態的金屬。

Q3 氦氣、氖氣、氫氣皆比空氣輕。（11中心試驗）

A3 ✖ 空氣的平均分子量為28.8。氬的分子量約40，比空氣重。

Q4 煙火之所以會有各式各樣的顏色，是因為焰色反應。（08中心試驗）

A4 ◯ 含有不同金屬的煙火，焰色反應的呈色也不一樣。要注意！

Q5 石墨導電性高，可以用於鋁的電解精鍊。（15中心試驗）

A5 ◯ 石墨雖然不是金屬，導電度卻相當高，是相當特殊的物質。

Q6 富勒烯 C_{60} 是球狀分子。（13中心試驗）

A6 ◯ 富勒烯是碳的同素異形體之一。

Q7 以圓底燒瓶收集氨氣，再將沾有濃鹽酸的玻棒靠近瓶口，會產生白煙。（08中心試驗）

A7 ◯ 這樣的操作會生成白色固體的氯化銨 NH_4Cl，可用於檢測氨。

Q8 一氧化氮NO是易溶於水的氣體。（12中心試驗改）

A8 ✖ 一氧化氮難溶於水，二氧化氮卻會與水反應生成硝酸。

Q9 在實驗室製備氨時，會將氯化銨與強酸混合。（14中心試驗）

A9 ✗ 為了藉由弱鹼生成反應來製造氨，需將氯化銨與強鹼混合。

Q10 我們可藉由分餾液態空氣製造出氧氣。（13中心試驗）

A10 ○ 氮氣也可藉由分餾液態空氣製造出來。

Q11 將螢石與濃鹽酸混合並加熱，可以製造出氟化氫。（13中心試驗）

A11 ✗ 將螢石與濃硫酸混合才可製造出氟化氫。請再確認一次 p.031的反應式！

Q12 碳酸氫鈉是玻璃的原料之一。我們可藉由氨鹼法（索爾維法）合成出碳酸氫鈉。（11中心試驗改）

A12 ✗ 玻璃的原料是碳酸鈉。以氨鹼法製造出來的物質也是碳酸鈉。

Q13 鎂幾乎不會與冷水反應，卻會與熱水反應。（10中心試驗）

A13 ○ 這是Mg與鹼土金屬在化學反應上的一大相異點。

Q14 $MgSO_4$難溶於水。（12中心試驗）

A14 ✗ 鹼土金屬的硫酸鹽類皆難溶於水，Mg卻與它們不同。

Q15 鋁可以溶於稀硝酸，也可以溶於濃硝酸。（11中心試驗改）

A15 ✗ 鋁可以溶於稀硝酸，濃硝酸卻會使鋁的表面形成氧化外膜，成為鈍化狀態而無法溶解。

Q16 矽與鑽石有相同的結晶結構。（13中心試驗）

A16 ○ 元素態的矽的結晶型態與鑽石相同，皆為共價鍵結晶。

Q17 元素態的矽有半導體的性質，可以製成積體電路。（15中心試驗）

A17 ○ 在矽內混入少許雜質（P或B等），便可製成積體電路內的半導體。

Q18 矽在地殼中是以元素態的形式存在。（09中心試驗改）

A18 ✖ 在地殼內主要以二氧化矽的形態存在。

Q19 黃磷與紅磷在空氣中皆會自燃。（11中心試驗）

A19 ✖ 只有黃磷會在空氣中自燃。

Q20 硫的同素異形體有著橡膠般的彈性。（17中心試驗）

A20 ◯ 硫的3種同素異形體之中，膠狀硫有一定彈性。

Q21 將濃硫酸淋在蔗糖上時，會使其變黑。（13中心試驗）

A21 ◯ 濃硫酸有脫水作用，會脫去蔗糖的水分子，使其成為碳。

Q22 稀釋硫酸時，需一邊攪拌，一邊將濃硫酸緩緩加入水中。（15中心試驗）

A22 ◯ 硫酸溶於水中時會放熱，若是「將水加入濃硫酸」的話，會因為突沸而使硫酸噴濺出來，相當危險。

Q23 碘可以將硫化氫還原。（13中心試驗）

A23 ✖ 硫化氫有還原性，故H_2S是被氧化的物質。反應式為 $H_2S + I_2 \rightarrow 2HI + S$

Q24 氯水中的次氯酸有很強的還原力，故氯水可做為殺菌劑使用。（11中心試驗）

A24 ✖ 不是還原力而是氧化力。

Q25 氦氣、氖氣、氬氣在空氣中的含量以氬氣最多。（11中心試驗）

A25 ◯ 氬氣是空氣中含量第三多的氣體（佔整個大氣的1%）。

分辨各種金屬離子

解化學題庫時，一定會出現「金屬離子的系統性分離」的問題。問題中會給一杯含有數種金屬的溶液，然後詢問如何把各種金屬一個個沉澱下來、這些沉澱分別是什麼顏色、溶液的酸鹼性又是如何等等，以鑑定溶液中含有些金屬。這些內容通常只能靠死背。以下整理了各種金屬離子的鑑定方式、沉澱顏色。

鑑定方式	欲分離的金屬離子	結果
加入鹽酸HCl aq	Ag^+	白色沉澱（AgCl）
	Pb^{2+}	白色沉澱（$PbCl_2$）
在酸性條件下 加入硫化氫H_2S	Cu^{2+}	黑色沉澱（CuS）
	Hg^{2+}	黑色沉澱（HgS）
	Cd^{2+}	黃色沉澱（CdS）
加入氨水NH_3 aq	Fe^{3+}	紅棕色沉澱 （$Fe(OH)_3$）
	Al^{3+}	白色沉澱（$Al(OH)_3$）
在鹼性條件下 加入硫化氫H_2S	Zn^{2+}	白色沉澱（ZnS）
	Ni^{2+}	黑色沉澱（NiS）
	Mn^{2+}	淡粉紅色沉澱（MnS）
加入碳酸銨水溶液 （$NH_4)_2CO_3$ aq	Ca^{2+}	白色沉澱（$CaCO_3$）
	Ba^{2+}	白色沉澱（$BaCO_3$）
以焰色反應鑑定	Na^+	黃色
	K^+	紫紅色

※aq加在物質名稱後面，表示該物質為水溶液態。

第 **2** 章

第4週期

和第1週期～第3週期的元素比起來，一般人對第4週期元素的印象比較淡一些，不過第4週期中仍有許多重要的元素。另外，進入第4週期後，也開始出現過渡元素（第3族～第11族）。第4週期中的過渡元素相當重要，請詳細閱讀解說部分。

19 K

鉀

[Potassium]

元素筆記

原子量 39.0983	**常溫下狀態** 固態	**熔點** 64℃	**沸點** 765℃
密度 0.862 g/cm³	**發現年** 1807年	**發現者** 漢弗里・戴維	
顏色 銀白色	**分類** 鹼金屬		

會在水中自燃，
故需保存在石油中。

人體必需的元素，
可製成營養品。

在神經訊號的
傳導過程中
扮演著重要角色。

鉀是在植物燒成的
灰中發現的。
灰之所以能做為肥料，
是因為裡面含有鉀。

OIL

H₂O

○×小測驗

鉀是密度小又柔軟的金屬。

（16中心試驗）

這裡是重點

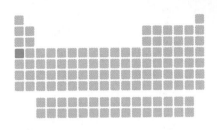

✓ 元素態的鉀有很高的反應性
✓ 會呈現出紫紅色的焰色反應

與水的反應

鉀會與水反應，使水還原成氫氣，同時生成氫氧化鉀溶解於水中，成為強鹼。

$$2K + 2H_2O \rightarrow 2KOH + H_2$$

焰色反應

部分鹼金屬與鹼土金屬的水溶液投入火焰之後，會使火焰轉變成特定顏色。這又稱做焰色反應。鉀的焰色反應為紫紅色，反過來說，如果焰色是紫紅色的話，就可以判斷溶液中含有鉀。

專欄

肥料的三要素

您有沒有想過，栽培植物時所使用的肥料含有哪些元素呢？施用肥料可以讓植物長得更好，所以肥料內應該含有各式各樣的元素才對吧……會這麼想也不奇怪。

確實，植物的生長需要各式各樣的元素，不過肥料內的主要元素通常是氮（→p.024）、磷（→p.044）、鉀等3種元素。這裡就讓我們來說明鉀在肥料中的作用吧。鉀能夠和鈉（→p.034）協同作用，發揮傳導體內訊息的功能。不過，植物沒辦法自行製造出鉀，從一般土壤中所獲得的鉀也不夠，故需要施以含鉀肥料以補充不足的部分。

A 　◯ … 不只是鉀，所有的鹼金屬都有這種性質。

20
Ca
鈣
[Calcium]

元素筆記

原子量 40.078	**常溫下狀態** 固態	**熔點** 842℃	**沸點** 1503℃
密度 1.55 g/cm³	**發現年** 1808年	**發現者** 漢弗里・戴維	
顏色 銀白色	**分類** 鹼土金屬		

鈣是骨骼與牙齒的主要成分，
也是體內含量最多的礦物質。

成年男性的每日鈣質
建議攝取量為
650～850 mg
（依年齡而有不同），
女性則是650 mg。

碳酸鈣是貝殼與珊瑚
外骨骼的主要成分。

肌肉收縮是由
肌肉細胞內鈣離子
濃度變化引起的。

石灰可以使土壤的pH接近鹼性，
可做為肥料使用。

鈣也可以用做混凝土的材料。

小測驗　｜　**元素態的Ca與常溫水反應後會產生什麼氣體？**

（12中心試驗改）

✓ 以碳酸鈣CaCO₃為中心，記住
各種化合物的反應吧

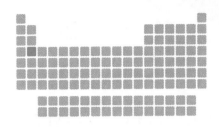

鈣與二氧化碳之間的關係

將二氧化碳吹入石灰水中，可以讓石灰水變混濁。這是常用的二氧化碳檢測法之一。

$$Ca(OH)_2 + CO_2 \rightarrow CaCO_3 + H_2O$$

氫氧化鈣$Ca(OH)_2$與二氧化碳反應後，會產生碳酸鈣$CaCO_3$沉澱。

如果繼續吹入更多二氧化碳的話，會產生以下反應。

$$CaCO_3 + CO_2 + H_2O \rightarrow Ca(HCO_3)_2$$

碳酸氫鈣$Ca(HCO_3)_2$會解離成Ca^{2+}和HCO_3^-溶於水中，故原本的白色沉澱會消失。

另外，碳酸鈣經高溫加熱後會釋放出二氧化碳，成為氧化鈣CaO。

$$CaCO_3 \rightarrow CaO + CO_2$$

專欄

喝牛奶真的可以長高嗎？

我們常可聽到「想長高的話就多喝點牛奶」這種說法，那麼這是真的嗎？確實，鈣是骨骼的主成分。不過，只靠鈣是沒辦法增加身高的，還需要蛋白質、礦物質等各種營養素才行。因此，光喝牛奶是沒辦法長高的。雖說如此，牛奶除了鈣以外還有豐富的營養素，確實是富有營養的食物。

A　　氫氣。$Ca + 2H_2O \rightarrow Ca(OH)_2 + H_2$

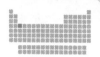

21
Sc

鈧

[Scandium]

原子量 44.9559	**常溫下狀態** 固態	**熔點** 1539℃ **沸點** 2831℃
密度 2.989 g/cm³	**發現年** 1879年	**發現者** 拉爾斯·尼爾松
顏色 銀白色	**分類** 過渡金屬	

專欄

稀土的一種

鈧是「稀土元素」的一種。

鋁在添加少量鈧後可增加強度，製成鋁鈧合金，用於我們周遭的各個地方。

鈧與鋁的合金可用於製作宇宙航行的產品或高級體育用品。

專欄

「Eka」

目前的週期表有118個元素，中間並無任何空缺。不過在門得列夫提出週期表的時候，尚有許多未發現的元素。那時門得列夫就預測「一定存在與硼B、鋁Al、矽Si性質相似的元素」，並在週期表中硼的下方預留了Ekaboron（硼下元素）的位置、在鋁的下方預留了Eka-aluminium（鋁下元素）的位置、在矽的下方預留了Ekasilicon（矽下元素）的位置。而這些預測也精準命中！之後發現的鈧Sc、鎵Ga、鍺Ge，分別與Ekaboron、Eka-aluminium、Ekasilicon有類似性質。後來改良過的週期表中，Sc不再位於B的下方，但Al與Ga、Si與Ge在現在的週期表中依然保持著上下關係。

22 Ti

鈦

[Titanium]

元素筆記

原子量 47.867	常溫下狀態 固態	熔點 1666℃	沸點 3289℃
密度 4.54 g/cm³	發現年 1791年	發現者 威廉·格雷戈爾	
顏色 銀白色	分類 過渡金屬		

二氧化鈦有光觸媒的效果，可以用在建築物的牆壁等。

二氧化鈦為白色，也可用於製成顏料等。

既輕又堅固，故可製成鑽頭、眼鏡、飛機等各種工業製品。

專欄

有夠厲害！鈦的性質

　　鈦是質輕、堅硬、強度大、不易生鏽的金屬。因為這些特性，使得鈦在近年來的用途愈來愈廣。譬如說，鈦因為既輕又堅固，故可做為噴射引擎或眼鏡外框的材料；還有，要在海岸等易生鏽的地方建造建築物等情況下，也會用到鈦。

　　鈦與氧所形成的二氧化鈦（Ⅳ）TiO_2也有著很厲害的性質。二氧化鈦照到紫外線後可以分解表面的有機物汙垢，使表面時常保持乾淨的狀態！有這種效果的物質稱做光觸媒物質，二氧化鈦就是代表性的例子。因為含有二氧化鈦材質不用時常清潔也能保持乾淨，故常用在窗戶玻璃、外牆等難以清潔的地方。

重要度 ★★☆☆

23
V

釩
[Vanadium]

元素筆記

原子量 50.9415	**常溫下狀態** 固態	**熔點** 1917℃	**沸點** 3420℃
密度 6.11 g/cm³	**發現年** 1830年	**發現者** 尼爾斯・加布里埃爾・塞弗特瑞姆	
顏色 銀灰色	**分類** 過渡金屬		

日本超市等處有時可以看到添加釩的礦泉水。

添加釩的鋼有很高的強度，可以用來製作工具。

專欄

除了礦泉水外，釩出現的地方

　　聽到「釩」，大部分的日本人應該會想到「礦泉水」吧。在日本人的日常生活中，除了超市賣的「含釩礦泉水」之外，幾乎沒有其他地方會出現釩這個字。但事實上，除了礦泉水之外，釩還出現在各式各樣的地方。

　　譬如說電鑽的鑽頭等。這類工具通常以「鋼」製成，也就是含碳的鐵。在鋼裡面添加釩後，鋼裡面的碳便會與釩反應生成碳化釩，提升鋼的強度。由這種方式製造而成的「釩鋼」常用於各種產業中的機械。

　　除了工具以外，五氧化二釩（V）這種化合物在製造硫酸時可以做為催化劑使用。（→p.048）

漢弗里・戴維的大量「發現」

從門得列夫提出週期表至今，原子序118的氮之前的元素皆已順利填滿。而填滿這個週期表的過程，正是許多科學家們的努力結晶。以下就讓我們來介紹在完成週期表的過程中貢獻最多的科學家之一——漢弗里・戴維吧。

漢弗里・戴維（1778-1829）是英國的化學家。他發明了以自己為名的新型安全燈——戴維燈；他還投入了笑氣這種可用於麻醉之氣體的相關研究，並留下許多研究成果；此外他也是電化學的研究先驅。

電化學如其名所示，是化學的其中一個領域。在戴維生活的18世紀末至19世紀初，人們對於電的理解有很大的進展。伏特於1800年發明了電池，戴維便用這種電池進行各種實驗與研究。

在這些研究中，戴維陸續發現了多種元素。1807年，戴維用伏特電池進行電解，成為第一個發現鉀的人，之後他還陸續用電解實驗分離、發現了鈉、鈣、鋇、硼等元素。

就像前面說的，戴維發現了許多元素，但他還有另一個不能不提的重要「發現」。那就是麥可・法拉第這個「人」。法拉第在高中的化學、物理教科書中以「法拉第常數」、「法拉第定律」的形式留下了名字，是歷史上最偉大的科學家之一。法拉第出身於打鐵家庭，未曾受過專業教育，然而戴維卻看出了他的能力，將他引導進科學的世界。

戴維的這個「發現」，要說是他對整個科學界最偉大的貢獻也不為過，很有趣吧。

24
Cr
鉻
[Chromium]

元素筆記

原子量 51.9961	常溫下狀態 固態	熔點 1857℃	沸點 2682℃
密度 7.19 g/cm³	發現年 1797年	發現者 路易·尼古拉·沃克蘭	
顏色 銀白色	分類 過渡金屬		

鉻相當硬，
又能抗腐蝕，
常用來鍍在鐵上。

不同狀態下的鉻會呈
現不同顏色。鉻（法語
Chrome）的名稱在希
臘語中便和「顏色」有
關。

鉻與鐵、鎳可製成不鏽鋼。
不鏽鋼不易生鏽，
可製成菜刀、車輛等，用途廣泛。

六價鉻的化合物
有很高的毒性。

三價鉻是礦物質的一種，
也是人體必需的營養素。

○ ×
小測驗　　**鉻酸根離子與銀離子可反應生成黃色沉澱。**

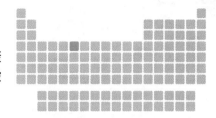

✓ 請記住各種離子的顏色、會產
  生沉澱的金屬種類,以及沉澱
  的顏色

鉻酸根離子CrO_4^{2-}沉澱反應

鉻酸根離子可以和鉛(Ⅱ)離子Pb^{2+}、鋇離子Ba^{2+}、銀離子Ag^+反應,生成黃色的鉻酸鉛(Ⅱ)$PbCrO_4$沉澱、黃色的鉻酸鋇$BaCrO_4$沉澱,以及紅棕色的鉻酸銀Ag_2CrO_4沉澱。

$$Pb^{2+} + CrO_4^{2-} \rightarrow PbCrO_4 等$$

二鉻酸根離子$Cr_2O_7^{2-}$

二鉻酸根離子在鹼性水溶液中會轉變成鉻酸根離子,使溶液顏色從橙紅色轉變為黃色。當水溶液轉變成酸性時,顏色會再變回來。

$$Cr_2O_7^{2-}(橙紅色) + 2OH^- \rightarrow 2CrO_4^{2-}(黃色) + H_2O$$
$$2CrO_4^{2-}(黃色) + 2H^+ \rightarrow Cr_2O_7^{2-}(橙紅色) + H_2O$$

另外,硫酸等酸性水溶液中的二鉻酸根離子可做為強氧化劑,反應後會生成綠色的鉻(Ⅲ)離子Cr^{3+}。

$$Cr_2O_7^{2-} + 14H^+ + 6e^- \rightarrow 2Cr^{3+} + 7H_2O$$

專欄
六價鉻

氧化數為+6的鉻稱做六價鉻。含有六價鉻的化合物有很強的毒性,被視作致癌物質。因此,日本環境省制定了嚴格的標準,管制鉻的排放。順帶一提,前面提到的鉻酸根離子與二鉻酸根離子皆為六價鉻化合物。

A ✗ … 鉻酸根與銀離子反應後會產生鉻酸銀的紅棕色沉澱。

25
Mn
錳
[Manganese]

元素筆記

原子量 54.938	**常溫下狀態** 固態	**熔點** 1246℃	**沸點** 2062℃
密度 7.44 g/cm³	**發現年** 1774年	**發現者** 卡爾·威廉·舍勒	
顏色 銀白色	**分類** 過渡金屬		

二氧化錳（IV）
可做為催化劑，
加入過氧化氫內，
促進其產生氧氣。
這個實驗相當有名。

二氧化錳（IV）可以做為
錳乾電池的正極，
放在圖中的箭頭位置。

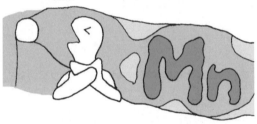

錳會吸附氧氣，若洞窟內含有大量錳的話，
可能會造成氧氣過於稀薄。

深海海底有由錳等金屬的
氫氧化物所構成的塊狀物，
稱做錳結核。

錳為生物必需的元素，
某些肥料便含有硫酸錳等成分。

○ ×
小測驗　　硫化錳（II）MnS為黑色固體。

這裡是重點

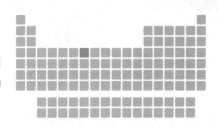

✓ 過錳酸鉀可做為強氧化劑使用
✓ 請記住與氧化還原反應有關的
半反應式

過錳酸鉀

過錳酸鉀$KMnO_4$是紫黑色固體，將其溶於水中可以得到溶有過錳酸根離子MnO_4^-的紫紅色水溶液。過錳酸鉀可做為強氧化劑使用。

· 酸性溶液中的過錳酸鉀離子反應式

$$MnO_4^- + 8H^+ + 5e^- \rightarrow Mn^{2+} + 4H_2O$$

反應後，水溶液會從紫紅色轉變成Mn^{2+}的淡粉紅色。

· 中性～鹼性溶液中的過錳酸鉀離子反應式

$$MnO_4^- + 2H_2O + 3e^- \rightarrow MnO_2 + 4OH^-$$

反應後，水溶液的紫紅色會消失，並生成MnO_2的黑色沉澱。

二氧化錳（Ⅳ）

二氧化錳（Ⅳ）MnO_2為黑色固體。二氧化錳（Ⅳ）可做為氧化劑使用，生成錳離子Mn^{2+}。另外，也可做為催化劑，促使過氧化氫水溶液反應產生氧氣。

$$MnO_2 + 4H^+ + 2e^- \rightarrow Mn^{2+} + 2H_2O$$

$$2H_2O_2 \xrightarrow{MnO_2 催化劑} 2H_2O + O_2$$

A ✗ … 多數金屬硫化物為黑色，MnS卻是淡粉紅色固體，是唯一的例外。

26
Fe

鐵
[Iron]

元素筆記

原子量 55.845	**常溫下狀態** 固態	**熔點** 1538℃	**沸點** 2863℃
密度 7.87 g/cm³	**發現年** 古代	**發現者** 不明	
顏色 銀白色	**分類** 過渡金屬		

元素態的鐵
與四氧化三鐵的鐵砂
皆具有可被
磁石吸引的性質。

血液中紅血球內含有血紅素這種蛋白質，
血紅素內則含有鐵。

紅血球

鐵與空氣中的氧氣反應後，
會轉變成非常脆弱的紅鐵鏽。

暖暖包可藉由鐵與氧的結合
釋放出熱能，
使周圍溫度上升。

鐵的價格便宜、易加工、易取得，
可製成各種物品，豐富我們的生活。

○ ×
小測驗　　　**鐵可以溶解在稀硝酸中，卻無法溶解在濃硝酸中。**

（11中心試驗）

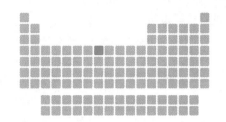

✓ 釐清Fe^{2+}與Fe^{3+}的反應並記熟
✓ 記熟各種離子水溶液的顏色，以及各種沉澱的顏色

鐵Fe的製造

鐵是從Fe_2O_3等氧化狀態的鐵礦石中取出的。將鐵礦石、焦炭（塊狀的碳）C等原料投入熔礦爐，吹入熱風，便可以焦炭與焦炭燃燒後生成的一氧化碳做為還原劑，還原鐵的氧化物，製造出元素態的鐵。

$$2Fe_2O_3 + 3C \rightarrow 4Fe + 3CO_2$$
$$Fe_2O_3 + 3CO \rightarrow 2Fe + 3CO_2$$

這種方式獲得的鐵稱做生鐵（銑鐵），含有碳與其他雜質，雖硬但脆。將生鐵熔化以去除雜質，並吹入氧氣以減少碳含量便可鍊成鋼，是堅硬又有韌性的材料。

元素態鐵Fe的反應

鐵Fe會與稀硫酸與鹽酸反應，產生氫氣並溶解於溶液中。不過鐵在濃硝酸中會鈍化，使反應無法繼續進行。

$$Fe + H_2SO_4 \rightarrow FeSO_4 + H_2$$

吹踏鞴製鐵

日本在5世紀時已有製鐵技術，這時所用的是稱做「吹踏鞴製鐵」的方法。「踏鞴」是鍊鐵時送入空氣以增強火力的工具，在《日本書紀》和《古事記》中也曾提過。這種鍊鐵方式在很長一段時間中一直是主流方法，直到大正時代才被取代。

A ○ … 鐵在濃硝酸中會鈍化，使反應無法繼續進行。

鐵的氧化物

鐵的氧化物包括黑色的氧化亞鐵（II）FeO與紅棕色的三氧化二鐵（III）Fe_2O_3，以及黑色的四氧化三鐵Fe_3O_4等。

鐵鏽主要有2種，分別是含有三氧化二鐵（III）的紅鐵鏽（主成分為FeO(OH)），以及主成分為四氧化三鐵的黑鐵鏽。鐵在潮濕空氣中氧化便會生成紅鐵鏽，紅色的部分就是「生鏽」處。另一方面，用高溫水蒸氣吹向燒紅的鐵之類的方法，使鐵在空氣中高溫加熱，便可生成黑鐵鏽。黑鐵鏽可以使鐵表面覆上一層保護內部的外膜，故有時會用人工方式讓某些鐵製品的表面生成黑鐵鏽，使內部的鐵「不會生鏽」。

氯化亞鐵（II）、氯化鐵（III）

鐵與鹽酸混合後，會生成氯化亞鐵（II）$FeCl_2$的淡綠色水溶液。

$$Fe + 2HCl \rightarrow FeCl_2 + H_2$$

若通入氯氣Cl_2，便可生成氯化鐵（III）$FeCl_3$的黃褐色水溶液。

$$2FeCl_2 + Cl_2 \rightarrow 2FeCl_3$$

專欄

體內的鐵

或許很多人會因為鐵是金屬，而以為人類體內沒有鐵。但事實上，人體內含有包括鐵在內的某些金屬，且它們在體內扮演著重要角色。

在一種名為血紅素的蛋白質內，就含有鐵。血紅素存在於血液中的紅血球內，可以和氧氣結合，負責將氧氣從肺部送至全身。

順帶一提，血液之所以會呈現紅色，也是因為血紅素的鐵。另外，烏賊或蝦子等生物的血之所以是藍色，則是因為牠們的血液中含有銅，而非鐵。

○ ×
小測驗

將氯化鐵（III）水溶液與硫氰化鉀水溶液混合後會產生棕色沉澱。

（12中心試驗改）

鐵離子的反應

鐵的氧化數多為＋2或＋3，鐵的離子也以亞鐵（Ⅱ）離子Fe^{2+}及鐵（Ⅲ）離子Fe^{3+}為主。

〈亞鐵（Ⅱ）離子的反應〉

將含有亞鐵（Ⅱ）離子Fe^{2+}的水溶液與氫氧化鈉水溶液或氨水等鹼性水溶液混合後，會形成綠白色的氫氧化亞鐵（Ⅱ）$Fe(OH)_2$沉澱。

$$Fe^{2+} + 2OH^- \rightarrow Fe(OH)_2$$

以氧氣氧化氫氧化亞鐵（Ⅱ），可使其轉變成紅棕色的氫氧化鐵（Ⅲ）$Fe(OH)_3$。

$$4Fe(OH)_2 + O_2 + 2H_2O \rightarrow 4Fe(OH)_3$$

另外，將含有亞鐵（Ⅱ）離子的水溶液與六氰合鐵（Ⅲ）酸鉀$K_3[Fe(CN)_6]$水溶液混合後，會產生深藍色沉澱。

〈鐵（Ⅲ）離子的反應〉

將含有鐵（Ⅲ）離子Fe^{3+}的水溶液與氫氧化鈉水溶液或氨水等鹼性水溶液混合後，會形成紅棕色的氫氧化鐵（Ⅲ）$Fe(OH)_3$沉澱。

$$Fe^{3+} + 3OH^- \rightarrow Fe(OH)_3$$

另外，將含有鐵（Ⅲ）離子的水溶液與六氰合亞鐵（Ⅱ）酸鉀$K_4[Fe(CN)_6]$水溶液混合後，會產生深藍色沉澱；與硫氰化鉀KSCN水溶液混合後，會轉變成血紅色水溶液。

順帶一提，過去人們以為上述2種深藍色沉澱是不同的物質，但現在已經知道它們其實是同樣的化合物。

專欄

元素符號的由來

鐵的英語為iron，元素符號卻是Fe。這個Fe又是從何而來的呢？

事實上，鐵的拉丁語為ferrum，故取字首Fe做為元素符號。不只是鐵，許多元素符號皆源自於該元素的拉丁語。

A ❌ … 會形成血紅色水溶液。

27
Co

鈷

[Cobalt]

元素筆記

原子量 58.9332	常溫下狀態 固態	熔點 1495℃	沸點 2927℃
密度 8.86 g/cm³	發現年 1737年	發現者 喬治・勃蘭特	
顏色 銀白色	分類 過渡金屬		

「鈷藍」（回回青）
是四羥基合鋁酸鈷的顏色，
常被用來形容天空或海的藍色。

鈷可與其他物質混合成合金，
製成耐熱度高的材料或堅硬的材料。

專欄

氯化亞鈷試紙

　　各位知道氯化亞鈷試紙這種實驗工具嗎？如果是國中生以上的讀者，應該至少有在理科實驗上使用過才對。

　　氯化亞鈷試紙原本是藍色的紙，與水分反應後會轉變成粉紅色，可以用來檢測水的存在。

　　那麼，為什麼顏色會轉變呢？氯化亞鈷試紙如其名所示，含有氯化亞鈷（II）$CoCl_2$。氯化亞鈷在不含水（無水鹽類狀態）時為藍色，吸收水分後便會從藍色的氯化亞鈷（II）無水鹽轉變成粉紅色的氯化亞鈷（II）六水合物 $CoCl_2 \cdot 6H_2O$，故紙的顏色也會轉變成粉紅色。這樣您就知道為什麼試紙顏色會出現這麼神奇的變化了吧？

　　順帶一提，六水合物會呈現這種顏色的原因有些複雜，可能要等到大學課程才有辦法解釋清楚，有興趣的話可以自行找找看相關資料。

28
Ni

鎳

[Nickel]

元素筆記

原子量	58.6934	常溫下狀態	固態	熔點	1455℃	沸點	2913℃
密度	8.902 g/cm³	發現年	1751年	發現者	阿克塞爾·克龍斯泰特
顏色	銀白色	分類	過渡金屬

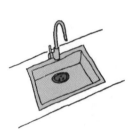

鎳和鉻所製成的鎳鉻合金可以用於製作電爐等。

不鏽鋼是含鎳合金，不容易生鏽，可用於製作水槽等物品。

專欄

意外離我們很近的鎳

　　一般人應該不會特別去注意「鎳」這種金屬吧。說不定某些人對鎳的了解僅停留在化學教科書的範圍內。但鎳出現在我們周遭的頻率，其實比我們想像中還要多。不過我們周遭會使用到的通常不是元素態的鎳，而是與其他金屬混合而成的**合金**。

　　鎳的合金中，我們最熟悉的應該就是不鏽鋼了吧。不鏽鋼是鐵與鉻、鎳、碳混合而成的合金，特徵為不容易生鏽，故常被用來做成廚房水槽等容易生鏽的部分。

　　我們周遭還有其他常見的例子，像電暖爐所使用的電熱線也是鎳合金製成。電熱線常是由鎳與鉻混合而成的鎳鉻合金製成。

29 Cu 銅 [Copper]

元素筆記

原子量 63.546	常溫下狀態 固態	熔點 1085℃	沸點 2562℃
密度 8.96 g/cm³	發現年 古代	發現者 不明	
顏色 紅色	分類 過渡金屬		

Cu^{2+}

藍

不能喝喔

H_2N—Cu^{2+}—NH_3

H_3N NH_3

銅離子為藍色。
四氨合銅為深藍色。

銅 Cu   銀 Ag

導電度&導熱度
金排行！

金 Au

銅的導電性、
導熱性為金屬元素的第2名，
僅次於銀。第3名是金。
銀價格高昂，
故電線一般會用銅製作。

硝酸
熱濃硫酸

銅會被有氧化力的酸，
也就是硝酸與熱濃硫酸
溶解。

硬幣多是
銅與其他金屬的合金。

鎳黃銅

500

100   50

白銅

黃銅
五円

青銅

10

神社或日本寺廟的屋頂之所
以是綠色，很可能是因為銅
和雨滴反應而生成的「銅
綠」。

藍   綠

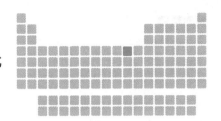

✓ 元素態的銅與各種酸的反應式
✓ 電解精鍊的反應式
✓ 化合物的顏色

元素態銅的性質

　　元素態的銅是有紅色光澤的金屬。因為銅是離子化傾向很小的金屬，故不會與鹽酸或稀硫酸反應，而是會和有氧化力的酸（硝酸或熱濃硫酸）反應。

・銅與稀硝酸的反應式

$$3Cu + 8HNO_3（稀）\rightarrow 3Cu(NO_3)_2 + 4H_2O + 2NO$$

・銅與濃硝酸的反應式

$$Cu + 4HNO_3（濃）\rightarrow Cu(NO_3)_2 + 2H_2O + 2NO_2$$

・銅與熱濃硫酸的反應式

$$Cu + 2H_2SO_4 \rightarrow CuSO_4 + 2H_2O + SO_2$$

專欄

多采多姿的銅!?

　　您有聽過青銅、黃銅、白銅等名稱嗎？不曉得您有沒有想過「銅明明是紅棕色的，為什麼會加上青、黃之類的形容詞呢？」。其實這些都是銅的合金的名稱。

　　青銅是銅和錫混合而成的合金，也稱做Bronze，譬如10圓日幣就是青銅製成。黃銅（日語中也叫做真鍮）是銅和鋅混合而成的合金，是5圓日幣的材料。而白銅則是銅和鎳混合而成的合金，是100圓日幣的材料。

　　除了在銅的前面加上顏色表示名稱的合金之外，銅還有很多種合金，被用在各種用途上。

A ┊ ◯ … 只要是有氧化力的酸，便可溶解銅。

銅的精鍊

　　天然的黃銅礦（主成分為$CuFeS_2$）內含有銅。將這種礦石與石灰石等混合加熱後可以得到硫化銅（I）Cu_2S，再將其放在空氣中高溫加熱，便可得到純度99%的粗銅。

　　不過，若要用在工業上，這樣的純度仍嫌不足，需將粗銅拿去「電解精鍊」，獲得純度較高的銅才行。

　　所謂的電解精鍊，是將粗銅板接在陽極，純銅板接在陰極，並以硫酸銅（II）水溶液進行電解。兩極發生的反應分別如下所示。

$$（陰極）Cu^{2+} + 2e^- \rightarrow Cu$$
$$（陽極）Cu \rightarrow Cu^{2+} + 2e^-$$

　　電解時，陽極的粗銅會逐漸溶解，陰極則會有純銅逐漸析出。此時，粗銅板內的雜質中，離子化傾向比銅還要小的金屬（金、銀等）會沉澱在陽極下方，成為陽極泥。

專欄

銅牌是第幾名？

　　現在的運動會上，第3名的人可以拿到銅牌。不過歷史上曾經出現過「銅牌不等於第3名」的情況。

　　那就是1896年時舉辦的第1屆雅典奧運。這次奧運會的財務狀況不怎麼好，以至於無法準備金牌，故第1名拿到的是銀牌，第2名是銅牌，第3名則是拿到獎狀。自1900年舉辦的第2屆巴黎奧運起，才和現在一樣頒給第1名金牌、第2名銀牌、第3名銅牌（不過這次奧運也因為各種事故，使得獎牌直到2年後才送到選手手上……）。

　　第2名拿的是銅牌的奧運還真的有點難以想像呢。

○ ×
小測驗

銅是導電性最強的元素態金屬。

（14中心試驗）

化合物的性質

· 氧化物（Cu_2O與CuO）

　　銅的氧化物有2種。將元素態的銅置於空氣中加熱，可以得到黑色的氧化銅（Ⅱ）CuO。若繼續加熱到1000℃，會轉變成紅色的氧化亞銅（Ⅰ）Cu_2O。

· 硫酸銅（Ⅱ）（$CuSO_4$）

　　無水硫酸銅（Ⅱ）為白色粉末。無水硫酸銅接觸到水之後，會形成藍色的硫酸銅（Ⅱ）五水合物（$CuSO_4 \cdot 5H_2O$）。我們可以利用無水硫酸銅（Ⅱ）的這個性質來檢測水的存在。

· 銅離子、氫氧化銅（Ⅱ）、四氨合銅（Ⅱ）離子

　　含有2價銅離子（Cu^{2+}）的水溶液會呈現藍色。這種水溶液與氫氧化鈉水溶液混合，或者與少量氨水混合後，可以得到藍白色的氫氧化銅（Ⅱ）沉澱。

$$Cu^{2+} + 2OH^- \rightarrow Cu(OH)_2$$

　　在含有氫氧化銅（Ⅱ）沉澱的液體中加入過量氨水，可使沉澱溶解，形成四氨合銅（Ⅱ）離子，成為深藍色水溶液。

$$Cu(OH)_2 + 4NH_3 \rightarrow [Cu(NH_3)_4]^{2+} + 2OH^-$$

· 硫化銅（Ⅱ）

　　將硫化氫H_2S通入含有銅（Ⅱ）離子的水溶液，會產生黑色的2價硫化銅（CuS）沉澱。

$$Cu^{2+} + H_2S \rightarrow CuS + 2H^+$$

A　✕　導電度最高的金屬是銀，但因為成本問題，故道路上的電線皆為銅製。

30
Zn

鋅
[Zinc]

元素筆記

| 原子量 | 65.38 | 常溫下狀態 | 固態 | 熔點 | 420℃ | 沸點 | 907℃ |

| 密度 | 7.135 g/cm³ | 發現年 | 1746年 | 發現者 | 安德烈亞斯・馬格拉夫 |

| 顏色 | 藍白色 | 分類 | 金屬、鋅族 |

鍍鋅鋼瓦是由鍍鋅的鐵製成。
鋅能夠代替鐵被氧化，
故不容易鏽蝕。

氫氧化鋅可溶解於氨水，
形成四氨合鋅離子，
為正四面體的錯合物。

可以幫助酵素作用，
是人體必需的元素。

黃銅（真鍮）為
銅與鋅的合金。
銅管樂隊（Brass band）
的brass指的就是黃銅。

兩性元素。
可以與酸或強鹼反應。
也可以和高溫水蒸氣反應。

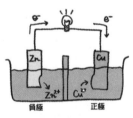

離子化傾向很大，
可做為丹尼爾電池的
負極。

○ ×
小測驗

鋅可以溶解於稀硫酸，也可以溶解於稀鹽酸中。

(11中心測驗)

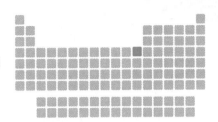

✓ 鋅為兩性元素的一種，可溶解
於酸或強鹼中

✓ 鐵鍍上鋅後可製成鍍鋅鋼瓦，
銅與鋅的合金稱做黃銅

兩性元素

鋅與 Al、Sn、Pb 等元素皆為代表性的兩性元素。也就是說，它們都能夠溶於酸性溶液與強鹼性溶液。

$$Zn + 2HCl \rightarrow ZnCl_2 + H_2$$
$$Zn + 2NaOH + 2H_2O \rightarrow Na_2[Zn(OH)_4] + H_2$$

錯離子

將鹼性溶液或過量氨水溶液加入氫氧化鋅 $Zn(OH)_2$ 後，會產生錯離子，使氫氧化鋅溶解，得到無色水溶液。

$$Zn(OH)_2 + 2NaOH \rightarrow Na_2[Zn(OH)_4]$$
$$Zn(OH)_2 + 4NH_3 \rightarrow [Zn(NH_3)_4]^{2+} + 2OH^-$$

鍍金、合金

鋅常用於鍍金，以及與其他金屬混合成合金。舉例來說，鍍鋅鋼瓦就是在鐵的外層鍍上一層鋅。另外，黃銅為銅與鋅的合金，許多銅管樂器皆是以黃銅製成。

A　○⋯　鋅為兩性元素，故可以溶解於酸性溶液，也可以溶解於鹼性溶液。

31
Ga
[Gallium]

鎵

原子量 69.723	**常溫下狀態** 固態	**熔點** 29.8℃ **沸點** 2403℃
密度 5.905 g/cm³	**發現年** 1875年	**發現者** 保羅・德布瓦博德蘭
顏色 藍白色	**分類** 金屬、硼族	

其易熔化的性質，
可以用來表演彎曲湯匙的魔術。

把你破壞掉……

可以滲入其他金屬內
使之崩解。

熔點相當低，體溫就可以將其熔化。

性質

　　雖然是金屬，熔點卻非常低，只有29.8℃，不過沸點卻相當高，可達2403℃。液態鎵密度比固態鎵還要大，這點與水類似。可以溶解於酸中，也可溶解於鹼中，為**兩性金屬**。

用途

　　氮化鎵與砷化鎵皆為代表性的半導體材料。還可用於藍光二極體，相關研究更獲得了2014年的諾貝爾物理學獎。

魔術道具

　　鎵的熔點很低，體溫便可使之熔化，故可以用於彎曲湯匙、切斷湯匙之類的魔術。

32
Ge

鍺

[Germanium]

元素筆記

原子量 72.63	**常溫下狀態** 固態	**熔點** 938℃	**沸點** 2833℃
密度 5.323 g/cm³	**發現年** 1886年	**發現者** 克萊門斯‧溫克勒	
顏色 灰白色	**分類** 類金屬、碳族		

可用於收音機、電吉他。

專欄

有什麼用途呢？

鍺可以製成名為鍺二極體的電子零件，用於收音機或電吉他。與一般二極體相比，鍺二極體可以處理更小的訊號。

專欄

超新星爆炸時可以看到的元素

宇宙中的恆星中，質量為太陽20倍以上的恆星在壽命將盡時會爆炸，也就是所謂的超新星爆炸。事實上，在超新星爆炸之前，恆星會一直製造出各式各樣的元素，讓我們一個一個來看看吧。

首先，恆星內會持續進行核融合反應，將氫原子合成為氦原子，此時便能釋放出強大的能量與光芒。質量特別大的恆星在氦原子用完之後，仍能繼續進行核融合反應，由氦合成出碳，由碳合成出氧，由氧合成出矽……陸續合成出原子量更大的元素。最後恆星核心變成鐵時，便會發生超新星爆炸。宇宙中除了氫、氦以外的重元素，皆是由超新星爆發所噴射出來的粒子。

33
As

砷 [Arsenic]

原子量 74.9216	**常溫下狀態** 固態	**熔點** 817℃（加壓下）	**沸點** 603℃（昇華）
密度 5.78 g/cm³	**發現年** 13世紀	**發現者** 艾爾伯圖斯‧麥格努斯
顏色 灰色、黃色、黑色（同素異形體）	**分類** 類金屬、氮族	

與鎵的化合物可製成半導體，用於太陽能電池與紅光LED。

生物需要微量的砷，蝦、貝等魚貝類體內皆含有砷。

砷對多數動物來說有毒，可做為殺鼠劑使用。

砷是劇毒

　　砷的物理性質、化學性質與同屬於第15族的磷類似。磷可以用來合成DNA、細胞膜等生物體內的各種分子，但如果砷取代了磷在生物體內各種分子中的位置的話，會對生物造成嚴重的不良影響。攝取到砷或砷的化合物時，會因為砷中毒而使骨髓與神經出現異常。

　　不過，砷也有無毒的化合物，人類體內亦存在著少許的砷，故砷被認為是必需元素之一。牡蠣、蝦等魚貝類及海藻等生物體內，皆含有無毒的砷化合物。

　　另外，砷與鎵的化合物砷化鎵GaAs可以製成紅光與紅外光的發光二極體，在我們的生活中發揮很大的用處。可見即使砷有毒，只要適當地使用，也能讓我們的生活更為便利。

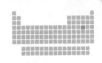

34
Se
硒
[Selenium]

   元素筆記

原子量 78.971	**常溫下狀態** 固態	**熔點** 220℃	**沸點** 685℃

密度 4.79 g/cm³ **發現年** 1817年 **發現者** 永斯・貝吉里斯

顏色 灰色 **分類** 類金屬、氧族

🧪 專欄
過去曾用於整流器

硒擁有半導體的性質，故可製成整流器等電子零件。不過硒有一定毒性，屬於有害物質，不適合用於小型化零件，故人們愈來愈少使用以硒製成的整流器。

加入硒可使玻璃呈現紅色。

  專欄
第4週期元素的背誦口訣

原子序1～10的元素可以用「侵害鯉皮捧碳蛋養福奶」的口訣背起來，第4週期的18個元素也有對應的口訣幫助記憶。

K	Ca	Sc	Ti	V	Cr	Mn	Fe	Co	Ni	Cu	Zn	Ga	Ge	As	Se	Br	Kr
鉀	鈣	鈧	鈦	釩	鉻	錳	鐵	鈷	鎳	銅	鋅	鎵	鍺	砷	硒	溴	氪
嫁	改	康	太	反	革	命	鐵	姑	捏	痛	新	嫁	者	生	氣	休	克

和原子序1～10的元素相比，第4週期的口訣好像有點硬拗對吧……。（我也不曉得嫁改康太是甚麼意思。）不過，如果能記熟第4週期元素的話，還是會方便許多。所以還是請您試著將這咒文般的口訣背起來吧。

35
Br

溴

[Bromine]

元素筆記

原子量 79.904	**常溫下狀態** 液態	**熔點** -7℃	**沸點** 59℃
密度 3.12 g/cm³	**發現年** 1826年	**發現者** 安托萬·巴拉爾	
顏色 紅棕色	**分類** 非金屬、鹵素		

溴化銀AgBr可用於
相片的感光劑。

溴為紅棕色液體。
如其名所示有刺激性臭味。

溴化氫HBr是
有刺激性臭味的氣體。
其水溶液為強酸。

性質

常溫常壓下唯一的液態非金屬元素。顏色為紅棕色，揮發性高，其氣態亦為有色氣體（紅色）。

另外，因為是鹵素，故有很高的反應性與很強的氧化力，與其他第17族的鹵素有類似性質。

用途

可以用於汽油的添加劑或滅火劑等，但因為容易影響環境，故現在傾向於減少使用。

照片

過去人們會用溴化銀AgBr當做照片感光劑，偶像照片的日語Bromide就是源自於溴（bromine）。

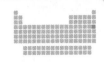

36
Kr

氪
[Krypton]

元素筆記

原子量 83.8	**常溫下狀態** 氣態	**熔點** -157℃
密度 3.735 g/L	**發現年** 1898年	**沸點** -152℃
顏色 無色	**分類** 非金屬、惰性氣體	**發現者** 威廉·拉姆齊、莫理斯·特拉維斯

氪的分子量很大，
故可做為白熾熱燈泡的填充氣體，
延長燈絲壽命。

專欄

惰性氣體氪

氪為第18族元素，也就是惰性氣體。由於活性很低，故可做為白熾熱燈泡的填充氣體，防止燈泡中的燈絲昇華。這種燈又稱做氪燈。

大學入學考試模擬是非題
（第4週期篇）

Q1 鉀在焰色反應中會呈現紫紅色。

A1 ○ 焰色反應考試常會出現，請記熟！

Q2 元素態的鉀可以放在水中保存。

A2 ✖ 包括鉀在內的各種鹼金屬皆易與氧或水反應，故需保存於石油中。

Q3 鈣會與水反應，產生氧氣。（10中心試驗）

A3 ✖ 產生的是氫氣。$Ca + H_2O \rightarrow CaO + H_2$

Q4 大理石的主成分是碳酸鈣，故大理石雕刻會被酸雨侵蝕。（10中心試驗）

A4 ○ 碳酸鈣會與酸反應生成二氧化碳，使碳酸鈣溶解。

Q5 氯化鈣可以製成冬天時用的道路融雪劑。

A5 ○ 氯化鈣可以提高水的融化熱，使水的凝固點下降，故可用做融雪劑。

Q6 氧化鈣、氫氧化鈣的別名分別是生石灰、熟石灰（消石灰）。

A6 ○ 題目有可能會以別名表示，故最好能記住它們的別名！

Q7 吹氣至石灰水內會使石灰水變混濁，變濁後不管再怎麼吹氣都不會產生變化。

A7 ✖ 石灰水變混濁後還繼續吹氣的話，白色沉澱便會消失，變回透明。其反應式可參考p.063！

Q8 鉻酸鉛（Ⅱ）、鉻酸鋇、鉻酸銀皆為黃色沉澱。

A8 ✖ 鉻酸銀為紅棕色沉澱，其他皆為黃色沉澱。

Q9 二鉻酸根離子在含硫酸之酸性溶液中可做為強氧化劑使用。

A9 ○ 做為氧化劑反應後會生成鉻（Ⅲ）離子。反應式請參考 p.069！

Q10 過錳酸鉀常做為強還原劑使用。

A10 ✖ 是做為強氧化劑使用。反應式請參考p.071！

Q11 二氧化錳（Ⅳ）可與過氧化氫水溶液反應生成氧氣。

A11 ✖ 二氧化錳（Ⅳ）只是催化劑。$2H_2O_2 \rightarrow 2H_2O + O_2$

Q12 暖暖包的發熱原理是鐵粉的氧化。（09中心試驗改）

A12 ○ 暖暖包就是利用鐵氧化時的反應熱來發熱的。

Q13 鐵的離子化傾向比氫還要大，故可溶解於濃硝酸中。（16中心試驗改）

A13 ✖ 將鐵與濃硝酸混合後會鈍化而無法溶解。

Q14 將亞鐵（Ⅱ）離子與六氰合鐵（Ⅲ）酸鉀溶液混合後，會生成深藍色沉澱。

A14 ○ 請熟記各種鐵的價數！

Q15 將鐵（Ⅲ）離子與六氰合亞鐵（Ⅱ）酸鉀溶液混合後，會產生深藍色沉澱。

A15 ○ 與Q14的操作會產生相同的深藍色沉澱。請熟記各種鐵的價數！

Q16 氯化亞鈷試紙可用於檢測水的存在。

A16 ○ 藍色的氯化亞鈷試紙在碰到水時會轉變成粉紅色。

Q17 不鏽鋼含有鎳。

A17 ○ 在鐵中加入鉻、鎳、碳等元素製成的不鏽鋼，有著不易生鏽的特徵。

Q18 100圓日幣內含有鎳。

A18 ○ 100圓日幣的材料是白銅，是銅與鎳的合金。

Q19 銅可以和熱濃硫酸反應並溶解於其中。（15中心試驗）

A19 ○ 銅的離子化傾向比氫還要低，可以溶解在有氧化力的酸中。

Q20 將硫酸銅（Ⅱ）水溶液與稀鹽酸混合，再通入硫化氫，這麼做不會產生沉澱。（13中心試驗）

A20 ✖ 將硫化氫通入含有銅（Ⅱ）離子的水溶液後，會產生黑色沉澱（硫化銅（Ⅱ））。

Q21 在硫酸銅（Ⅱ）水溶液中加入少量氨水後會產生沉澱，但在加入更多氨水後便可使沉澱溶解。（13中心試驗）

A21 ○ 加入過量氨水後，會形成銅離子與氨的錯離子，使沉澱溶解。

Q22 在硫酸銅（Ⅱ）水溶液中加入鋅粒後，可以析出元素態的銅。（13中心試驗）

A22 ○ 兩者的離子化傾向為 $Zn > Cu$，故會析出銅。

Q23 鐵鍍上鋅後會可得到鍍鋅鋼瓦。

A23 ○ 離子化傾向比鐵還要高的鋅會先被氧化，可保護鐵使其不易氧化。

Q24 所有元素態的典型元素在常溫常壓下皆為氣體或固體。（08中心試驗）

A24 ✖ 溴（Br_2）在常溫常壓下為液體。

Q25 溴與氯化鉀水溶液混合後，會產生氯氣。（10中心試驗）

A25 ✖ 兩者的氧化力為 $Cl_2 > Br_2$，故「將氯氣與溴化鉀水溶液混合」後會產生元素態的溴，卻不會發生相反的反應。

第 3 章

第5週期

第5週期中，會看到更多沒聽過的元素。不過其中也包括了銀、錫、碘等許多人都知道的常見元素，這些元素在化學中相當重要，請務必記熟。

37
Rb

銣
[Rubidium]

元素筆記

原子量 85.4678	**常溫下狀態** 固態	**熔點** 39℃	**沸點** 688℃
密度 1.532 g/cm³	**發現年** 1861年	**發現者** 羅伯特‧本生、古斯塔夫‧克希荷夫
顏色 銀白色	**分類** 鹼金屬	

碳酸銣可以做為
相機鏡頭等物品的添加物。

專欄

測量時間流動的元素

　　銣的其中一種同位素⁸⁷Rb可以用在 Rb-Sr的年代測定法上。這個方法可以讓我們推測地球形成或太陽系生成等的時間點。

　　碳的同位素¹⁴C也可以用在類似的年代測定法上。

專欄

年代測定與半衰期

　　上面的專欄提到了年代測定。那麼，接下來就讓我們來談談年代測定的方法吧。

　　年代測定的關鍵字是半衰期。放射性同位素會持續釋放出輻射線，轉變成其他元素（這個過程稱做衰變）；一個物體內，一半的放射性同位素衰變成其他元素所需要的時間，則稱做半衰期。每種同位素的半衰期都不一樣，上面舉例的⁸⁷Rb半衰期為488億年，¹⁴C則是5730年，許多人工製造的元素半衰期都不到1秒。

　　比較¹⁴C與相對穩定的¹²C在某物體內的比例，便可推測這個物體的年代。如果¹⁴C的量剩下一半，就表示此物體約有5730年的歷史；若剩下1/4，則表示有5730 × 2 = 約11460年的歷史。

38
Sr

鍶
[Strontium]

元素筆記

原子量 87.62	**常溫下狀態** 固態
密度 2.54 g/cm³	**發現年** 1787年
顏色 銀白色	**分類** 鹼土金屬

熔點 777℃　　**沸點** 1414℃

發現者 亞戴爾・克勞佛、威廉・克魯克香克

以前的電視會用到陰極射線管，其玻璃部分就會添加鍶。

煙火中的紅（深紅）色，就是鍶的焰色反應所產生的。

鹼土金屬

　　鍶Sr是一種鹼土金屬。常溫下鍶能與水反應，生成氫氧化物與氫氣。在焰色反應中會呈現「紅（深紅）色」。

焰色反應的記憶方式

　　將鹼金屬、鹼土金屬、銅等化合物投入火焰中時，會依據元素種類釋放出特有顏色的光芒。故可做為檢測元素的工具。

　　每個人記憶各元素之焰色反應的方式各有不同，以下列出其中一種記憶方式。

紅李 、 番仔（台）、 指甲 、 博學鴻儒 、 面有難色 、 鋇戴綠帽子
紅Li⁺　　　　　　　　紫K⁺　　　　　　　　藍Cs⁺
　　　黃Na⁺　　　　　　　紅Rb⁺　　　　　　　綠Ba²⁺

39
Y

釔
[Yttrium]

元素筆記

原子量 88.9058	常溫下狀態 固態	熔點 1522℃	沸點 3338℃
密度 4.469 g/cm³	發現年 1794年	發現者 約翰・加多林	
顏色 銀白色	分類 過渡金屬		

可做為超導體的材料。

液態氮

N_2

磁石

專欄

超導體

　　隨著超導體現象研究的進展，線性馬達等技術也在逐漸進步。而促進超導體研究發展的，就是含有釔的化合物。這些化合物在-183℃的溫度下就能夠成為超導體。

40
Zr

鋯
[Zirconium]

元素筆記

原子量 91.224	常溫下狀態 固態	熔點 1852℃	沸點 4361℃
密度 6.506 g/cm³	發現年 1789年	發現者 馬丁・海因里希・克拉普羅特	
顏色 銀白色	分類 過渡金屬		

專欄

戒指的種類

　　結婚時該戴什麼樣的戒指才好呢？過去戒指常會用金Au或鉑（白金）Pt等材質製作，近年來以鋯Zr製成的戒指則因不會引起金屬過敏而廣受好評。

含鋯的戒指在氧化膜上能呈現出鮮豔的顏色。

重要度 ★☆☆☆

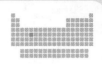

41
Nb

鈮
[Niobium]

| 原子量 92.9064 | 常溫下狀態 固態 | 熔點 2468℃ | 沸點 4742℃ |

| 密度 8.57 g/cm³ | 發現年 1801年 | 發現者 查理斯‧哈契特 |

| 顏色 銀灰色 | 分類 過渡金屬 |

專欄

鈮的歷史

　　鈮的化學性質與鉭類似，曾經被認為是同一種元素。雖然早在19世紀初時人們就已發現了這種元素，但直到19世紀後半，人們才確認到這是一種新的元素。

鈮擁有很高的
耐熱性與耐蝕性，
其合金可用來製成渦輪。

重要度 ★☆☆☆

42
Mo

鉬
[Molybdenum]

| 原子量 95.95 | 常溫下狀態 固態 | 熔點 2623℃ | 沸點 5557℃ |

| 密度 10.22 g/cm³ | 發現年 1778年 | 發現者 卡爾‧威廉‧舍勒 |

| 顏色 灰色 | 分類 過渡金屬 |

專欄

在肥料中

　　固氮酶這種酵素中含有鉬元素。固氮酶可以將大氣中的氮氣轉變成氨，對植物來說相當重要，故許多市面上販售的肥料都會含有鉬。

鉬與銅的合金可以製成
火箭所使用的電路板。

43
Tc

鎝
[Technetium]

 元素筆記

原子量 (99)	常溫下狀態 固態	熔點 2172℃	沸點 4877℃
密度 11.5 g/cm³	發現年 1937年	發現者 卡羅·佩里爾、
顏色 銀白色	分類 過渡金屬	埃米利奧·塞格雷

骨

腦

「鎝-99m」會射出γ射線，
可用於醫療現場的影像檢查。

 專欄

第一個人工元素

　　鎝在自然界的存量極少，也不存在穩定的同位素，故很晚才被發現。直到名為迴旋加速器的裝置開發出來後，才合成出鎝，是世界上第一個人工元素。

44
Ru

釕
[Ruthenium]

 元素筆記

原子量 101.07	常溫下狀態 固態	熔點 2333℃	沸點 4147℃
密度 12.41 g/cm³	發現年 1844年	發現者 卡爾·克勞斯
顏色 銀白色	分類 過渡金屬	

有機化學中常用釕
做為反應的催化劑。

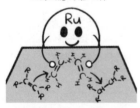

Ru

專欄

諾貝爾獎的重要元素

　　用釕做為催化劑進行的氫加成反應、以及用格拉布催化劑（釕錯離子）所進行的烯烴複分解反應（雙鍵重組反應）分別在2001年、2005年獲得了諾貝爾化學獎，用於各式各樣的研究。

45 Rh

銠 [Rhodium]

元素筆記

原子量 102.9055	**常溫下狀態** 固態	**熔點** 1963℃	**沸點** 3695℃
密度 12.4 g/cm³	**發現年** 1803年	**發現者** 威廉・海德・伍拉斯頓	
顏色 銀白色	**分類** 過渡金屬		

銠有很漂亮的銀白色光澤，耐蝕性也十分優異。

常鍍在飾品、眼鏡上。

專欄

玫瑰色的銠

　　元素態的銠為銀白色金屬，但銠的氯化物 $RhCl_3$ 的水合物則呈現出玫瑰花般的暗紅色。因此便以玫瑰色「rhodeos」將其命名為 Rhodium。

專欄

人工元素的合成方式

　　人工合成的元素包括原子序43的鎝Tc、原子序61的鉕Pm，以及原子序93鎿Np以後的元素。這些元素是如何合成的呢？

　　要合成某種元素時，需將特定數目的質子聚集在一起才行。舉例來說，鎝需要43個質子，故用1個質子去撞擊有42個質子的鉬Mo，理應可製造出鎝。不過，要產生撞擊並不是這麼簡單的事。

　　合成鎝時需用迴旋加速器等特殊裝置，將粒子加速到接近光速的速度，再使其相撞才行。日本只有幾個地方有這類裝置，其中，以製造出鉨而著名的理化學研究所加速器位於埼玉縣和光市。擁有這個加速器裝置的研究中心叫做仁科加速器科學研究中心，這是以建造出世界第2個迴旋加速器的「原子核物理學之父」仁科芳雄的名字命名的。仁科加速器科學研究中心至今仍持續進行著相關研究。

46
Pd

鈀
[Palladium]

原子量 106.42 | **常溫下狀態** 固態 | **熔點** 1552℃ | **沸點** 2964℃
密度 12.02 g/cm³ | **發現年** 1803年 | **發現者** 威廉·海德·伍拉斯頓
顏色 銀白色 | **分類** 過渡金屬

可做為淨化廢氣的觸媒(催化劑),用於汽車上。

鈀相當稀少,
價格也相當昂貴。
與金或鉑的合金可製成飾品。

專欄 貴重的鈀

　　鈀Pd與金、銀及鉑(白金)等同屬於貴金屬(稀少的金屬)。鈀與金或銀的合金可以製成戒指等飾品。

　　另外,鈀在工業上有許多用途。氫動力汽車需以氫做為燃料,而鈀可製成儲存氫氣的儲氫合金;鈀也可以製成去除汽車廢氣中的一氧化碳、氮氧化物的過濾器等,被認為是很有潛力的材料。

　　另外,Pd在有機合成領域中,也常做為催化劑使用。獲得2010年諾貝爾化學獎的根岸偶聯反應,便是以Pd做為催化劑,使有機鋅化合物與有機鹵化物之間形成新的碳碳鍵結。要說是「只有Pd能做到這點」也不奇怪,鈀也因為相當貴重而變得昂貴,1g要價超過3000日圓的鈀未來還會被發掘出什麼樣的用途,值得我們注意。

什麼是催化劑（觸媒）

您有聽過催化劑這個名稱嗎？這似乎是我們日常生活中很少聽到的詞對吧。不過，我們現在的生活可說是完全離不開催化劑了。究竟是怎麼回事呢？以下讓我們來詳細說明吧。

首先要說明的是催化劑的作用方式。並不是將任何化學物質放在一起都會產生反應，不過催化劑可以將難以發生的反應變得較容易發生。若要讓反應發生，需給予分子一定的能量才行，這些能量就稱做活化能。活化能愈大，就必須要給予更多能量——譬如加熱提高溫度，才能促使反應發生。不過催化劑可以降低活化能，使反應能在低溫狀態下進行。

讓我們來看看身邊幾個催化劑的例子吧。比方說，汽車就會用到由銠Rh、鈀Pd、鉑Pt組成，名為三元觸媒的催化劑。汽車行進時，會產生有害環境的廢氣（碳氫化合物、一氧化碳CO、氮氧化物NO_x），這種催化劑可以將其轉變成相對較乾淨的氣體（水蒸氣H_2O、二氧化碳CO_2、氮氣N_2）。另外，體內的澱粉酶、過氧化氫酶等酵素也是催化劑的一種。另外，如果沒有催化劑的幫助，我們很難製造得出聚乙烯、聚丙烯等常聽到的塑膠製品。齊格勒、納塔等2位科學家成功用含有鈦的齊格勒—納塔催化劑製造出這些塑膠製品，並以此獲得了諾貝爾化學獎。

至今我們已開發出多種催化劑，用於各種反應。今後研究人員們也將持續投入催化劑的研究，使難以觸發的反應變得容易進行。

47
Ag

銀
[Silver]

元素筆記

原子量 107.8682	**常溫下狀態** 固態	**熔點** 962℃	**沸點** 2162℃
密度 10.5 g/cm³	**發現年** 古代	**發現者** 不明	
顏色 銀白色	**分類** 過渡金屬		

體育競技、表演比賽中獲得第2名的個人或團體會獲得銀牌。

銀是電阻最低的金屬，但價格較高，故銀製專線僅適用在對於專電度要求特別高的太陽能電池等裝置。

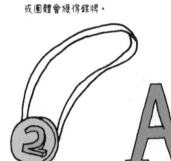

銀是可見光的反射率最高的金屬，可以製成鏡子。

溴化銀和碘化銀等銀的化合物可以做為底片的感光劑。

銀十分漂亮，又有抗菌作用，自古以來就常被做成餐具。

○ ×
小測驗

AgCl、AgBr、AgI皆難溶於水。

（08中心試驗）

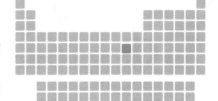

✓ 銀是導電度與導熱度最高的金屬

✓ 銀與鹵素的化合物被光照到時會產生反應

鹵化銀的感光性

氯Cl與溴Br等鹵素與銀的化合物（AgCl、AgBr等）被光照到時，會分解出銀的微粒，使其轉變成黑色。這種性質稱做感光性，可用於底片的感光劑。

$$2AgX \rightarrow 2Ag + X_2 \quad （※X為F、Cl、Br、I）$$

銀離子與氨水的反應

在含有銀離子的水溶液中，加入少量氨水等鹼性水溶液，會產生氧化銀 Ag_2O 的棕色沉澱。

$$2Ag^+ + 2OH^- \rightarrow Ag_2O + H_2O$$

若加入更多氨水，則沉澱會消失，變成無色溶液。

$$Ag_2O + H_2O + 4NH_3 \rightarrow 2[Ag(NH_3)_2]^+ + 2OH^-$$

錯離子

位於中心的金屬離子，與擁有孤對電子的分子或陰離子以配位鍵結合而成的離子叫做錯離子。此時，與金屬離子結合的分子或陰離子稱做配體，配體的數目稱做配位數。除了上面提到的二氨合銀（I）離子$[Ag(NH_3)_2]^+$之外，以下離子也屬於錯離子。

四羥基合鋁酸根離子　$[Al(OH)_4]^-$

四羥基合鋅（II）酸根離子　$[Zn(OH)_4]^{2-}$

四氨合銅（II）離子　$[Cu(NH_3)_4]^{2+}$

六氰合鐵（III）酸根離子　$[Fe(CN)_6]^{3-}$

A　　〇…這是鹵化銀的重要性質。

48
Cd
鎘
[Cadmium]

原子量	112.414	常溫下狀態	固態	熔點	321℃	沸點	767℃
密度	8.65 g/cm³	發現年	1817年	發現者	弗里德里希・施特羅邁爾		
顏色	銀白色	分類	金屬、鋅族				

鎘可以製成鎘黃等顏料。

鋅的精鍊過程中會產生含有鎘的廢水，
若未處理就排放出去，會造成痛痛病等公害疾病。

鎘的性質

鎘的化學性質與鋅類似，會與鋅從鋅礦中一同析出。鎘可和鹽酸或稀硫酸緩慢反應，生成無色的2價鎘離子 Cd^{2+}，但鎘不會和鹼反應。

公害問題

鎘會累積在許多生物體內，可在人體內殘留約30年。鎘被認為是1900年代的公害問題——痛痛病的原因，這是一種會讓骨骼與關節變得脆弱的疾病。因為這起事件讓人們知道鎘的害處，現在會盡可能避免使用鎘。事實上，曾有一批遊戲機的含鎘量超過荷蘭規定的標準值，而被荷蘭政府要求回收。

49
In

銦
[Indium]

元素筆記

原子量 114.818	**常溫下狀態** 固態
密度 7.31 g/cm³	**發現年** 1863年
顏色 銀白色	**分類** 金屬、硼族

熔點 157℃	**沸點** 2072℃
發現者 希羅尼穆斯・里赫特、斐迪南・賴希	

銦為半導體，
氧化銦錫可以製成液晶的電極。

專欄

需求很高的銦

　　銦的化合物——氧化銦錫有很高的導電度，又是透明物質，故可製成液晶等裝置的電極。由於銦是稀有金屬，故目前研究人員們正致力於回收技術的開發。

專欄

四大公害病

　　日本的四大公害病分別是水俁病、新潟水俁病（第二水俁病）、痛痛病、四日市哮喘。日本的社會教科書中一定會提到這些事件，這裡讓我們從化學的角度來看這幾種公害病。

　　造成水俁病和新潟水俁病的物質皆為有機汞，也就是汞（水銀）Hg的有機化合物。當時，汞化合物被當成化學反應的催化劑使用，然而反應後的廢液卻直接排放至河流中，造成嚴重公害。造成痛痛病的物質是鎘Cd。精鍊礦物時，礦物中的雜質鎘會隨著廢液排出，造成公害。造成四日市哮喘的物質則是石化廠區所排放出來的硫氧化物SO_x。前3個公害為水質汙染問題，四日市哮喘則是空氣汙染問題。

　　這4種公害都發生於日本的經濟快速成長期，大部分的民眾皆深受影響。

50
Sn

錫

[Tin]

元素筆記

原子量 118.71	**常溫下狀態** 固態	**熔點** 232℃	**沸點** 2603℃
密度 7.310 g/cm³（白錫）	**發現年** 古代	**發現者** 不明	
顏色 銀白色	**分類** 金屬、碳族		

罐頭或水桶所使用的馬口鐵，
就是鍍了錫的鐵。
錫可以保護鐵不會生鏽。

酸　強鹼

屬於兩性元素，可溶解於酸及強鹼中。

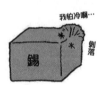

沉思者

水煮鯖魚

我怕冷喔…

剝落

錫

錫在低溫下
會改變結晶結構而崩裂。
這種現象又稱做「錫疫」。

銅像的材料 —— 青銅
即為銅和錫的合金。

嘶～

熔點為232℃，相對偏低，
故可製成焊接時的材料 —— 銲錫。

錫製餐具相當漂亮。

○ ×
小測驗

錫可以和強鹼水溶液反應。

（10中心試驗）

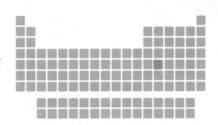

✓ 屬於兩性元素,可以和酸也可以和強鹼反應

✓ 需確認不同反應時的反應式

元素態錫的性質

錫與Al、Zn、Pb同屬於兩性元素,能和酸反應,也能和強鹼反應,產生氫氣。

$$Sn + 2HCl \rightarrow SnCl_2 + H_2$$
$$Sn + 2NaOH + 4H_2O \rightarrow [Sn(OH)_6]^{2-} + 2Na^+ + 2H_2$$

此外,錫的氧化數可能是+2或+4,其中+4的錫比較穩定。氯化亞錫(Ⅱ)具有還原性,自身可氧化成4價錫離子。

$$SnCl_2 + 2Cl^- \rightarrow SnCl_4 + 2e^-$$

專欄

令人懷念的馬口鐵製玩具

各位有聽過「馬口鐵」這種東西嗎?馬口鐵可製成飛機、機器手臂、汽車的外殼,以前還有許多玩具是用馬口鐵製成,直到今日,馬口鐵製的玩具仍是收藏者們眼中的熱門產品。

在由鐵製成的鋼板上鍍一層錫,便可得到馬口鐵。錫的離子化傾向很小,鍍在鐵製玩具上可以防止其生鏽。但因為鐵的離子化傾向比錫大,若外層的錫剝落,露出內部的鐵的話,鐵就會先行氧化,使玩具快速生鏽,這也是馬口鐵材料的缺點。

在鍍金屬材料中,除了馬口鐵以外,在鐵外鍍上一層鋅(→p.082)後得到的鍍鋅鋼瓦也相當有名。

A 　　○⋯錫為兩性元素,故可溶解在酸中,也可溶解在鹼中。

重要度 ★☆☆☆

51
Sb
銻 [Antimony]

元素筆記

原子量 121.76	**常溫下狀態** 固態	**熔點** 631℃	**沸點** 1587℃
密度 6.691 g/cm³	**發現年** 古代	**發現者** 不明	
顏色 銀白色	**分類** 類金屬、氮族		

専欄

輝銻礦

輝銻礦為銻的硫化礦物，實驗式為 Sb_2S_3。日本愛媛縣的市之川礦山以出產美麗的大型輝銻礦而著名，現在於鹿兒島縣等地仍可採集到。

日本最古老的銅錢——富本錢在鑄造時會加入銻，使銅的熔點下降、易於塑形，並提高銅錢的強度。

重要度 ★☆☆☆

52
Te
碲 [Tellurium]

元素筆記

原子量 127.6	**常溫下狀態** 固態	**熔點** 450℃	**沸點** 991℃
密度 6.24 g/cm³	**發現年** 1782年	**發現者** 米勒·馮·賴興施泰因	
顏色 銀白色	**分類** 類金屬、氧族		

専欄

帕爾帖元件是什麼？

碲是帕爾帖元件的原料之一。帕爾帖元件是一種神奇的電子元件。當電流流過時，元件的其中一面會變得溫暖，另一面卻會變冷，可製成電腦CPU的冷卻裝置或者是小型冰箱。

碲為稀有金屬。可用於冷卻裝置或太陽能電池等。

金錢的化學

　　富本錢的主要成分為銅Cu與銻Sb，那麼現代貨幣的成分又是什麼呢？

　　1圓日幣是由鋁Al製成，而且是沒有任何添加物的純鋁。順帶一提，其規格為質量1 g、直徑20 mm。

　　5圓日幣～500圓日幣硬幣的主成分皆為銅，不過每種硬幣的合金比例皆不一樣，故顏色也大不相同。

・5圓日幣…由銅Cu（60～70％）、鋅Zn（40～30％）混合而成的黃銅合金。

・10圓日幣…由銅Cu（95％）、鋅Zn（4～3％）、錫（1～2％）混合而成的青銅合金。

・50圓日幣…由銅Cu（75％）、鎳Ni（25％）混合而成的白銅合金。

・100圓日幣…由銅Cu（75％）、鎳Ni（25％）混合而成的白銅合金。（與50圓日幣相同）

・500日圓硬幣…由銅Cu（72％）、鋅Zn（20％）、鎳（8％）混合而成的鎳黃銅合金。

　　以上介紹的是日本硬幣的材質，接著也來談談紙鈔的原料吧。日本的紙鈔用紙是由結香（mitsumata）、馬尼拉麻蕉等的纖維製成。結香自古以來就是和紙的原料，馬尼拉麻蕉則有提升纖維之強度與耐久性的功能。由於是以植物纖維為原料，故主成分為纖維素$(C_6H_{10}O_5)_n$。雖然日本還是使用紙鈔，不過有些國家為防止鈔票破損，已改用塑膠製的鈔票。

53

I

碘

[Iodine]

原子量 126.9045	常溫下狀態 固態	熔點 114℃	沸點 184℃
密度 4.93 g/cm³	發現年 1811年	發現者 貝爾納・庫爾圖瓦	
顏色 紫黑色	分類 非金屬、鹵素		

可用於碘仿反應。

$$R-\overset{\overset{\displaystyle O}{\|}}{C}-CH_3$$

紫黑色固體，
有昇華性。

有殺菌作用，
可用於醫療現場。

碘與澱粉的反應
可用來檢測澱粉。

碘價可用來
檢測油脂的
不飽和度。

日本千葉縣
是碘的重要產地。

碘在常溫下是紫黑色固體。

（10中心試驗）

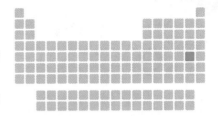

✓ 元素態的碘是紫黑色固體，會直接昇華

✓ 要記住的反應包括碘與澱粉的反應及碘仿反應等

元素態的碘

元素態的碘在常溫下為紫黑色固體，受熱後會從固體直接轉變成氣體，也就是所謂的**昇華**。

碘與澱粉的反應

元素態的碘不易溶於水，卻可溶於碘化鉀水溶液，形成棕色溶液。將這種溶液滴到澱粉上時，會使澱粉轉變成紫紅～藍紫色。這種顏色變化反應稱做碘與澱粉的反應，可以用來檢測澱粉。

碘仿反應

將有特定結構的化合物與碘及氫氧化鈉水溶液混合反應後，可以得到名為碘仿的黃色化合物CHI_3。這種反應稱做**碘仿反應**，可以用來推測未知的有機化合物結構。

$$CH_3-\underset{\underset{O}{\|}}{C}-R \qquad CH_3-\underset{\underset{OH}{|}}{CH}-R$$

會產生碘仿反應的結構（R為烴基或氫）

碘價

碘價是用來衡量油脂性質的指標之一。碘價指的是100 g的油脂可以和多少質量的碘進行加成反應，可以做為油脂不飽和度的指標。除了碘價之外，皂化價也可以用來衡量油脂性質。

A　　　　◯ …碘在常溫下是固體，加熱後會昇華。

54
Xe

氙
[Xenon]

專欄

就在我們身邊的氣體

您有看過車頭燈的藍白色光芒嗎？這種接近自然光的強光，就是充填了氙氣的燈泡在通電後放出的光芒。

除此之外，氙還可用於X光檢測器等處。

氙可用於車燈等。

專欄

昇華

昇華指的是固態物質沒有經過液態階段，直接轉變成氣態的過程。相反的，氣態物質不經過液態階段，直接轉變成固態的過程，則叫做凝華。

碘I_2就是種容易昇華的物質。除了碘之外，還有許多物質也會昇華，其中最有名的就是乾冰。乾冰是二氧化碳CO_2在低溫下形成的固體，可以用於冷卻食品。將乾冰放在常溫下時，並不會熔化成液態，而是會直接變成二氧化碳氣體消散，不留任何痕跡。另外，衣服用的防蟲劑多具有昇華性質，放在小袋子內的防蟲劑在1年之後會自然消失就是這個原因。

大學入學考試模擬是非題
（第5週期篇）

Q1 鍶的焰色反應為黃色。

A1 ✖ 會呈現黃色焰色反應的是鈉。鍶的焰色反應為紅色。

Q2 銀的導電度比銅還要高。（10中心試驗改）

A2 ○ 銀擁有全金屬中最高的導電度。

Q3 銀可以和鹽酸反應並溶解於鹽酸中。（16中心試驗改）

A3 ✖ 銀的離子化傾向比氫還要低，故只能溶解在有氧化力的酸中。

Q4 將含有銀的粗銅進行電解精鍊時，銀會沉澱在陰極底下。（15中心試驗改）

A4 ✖ 離子化傾向比銅還要低的金屬會沉澱在陽極底下。（陽極泥）

Q5 AgCl、AgBr、AgI皆可在光照下分解，析出銀。（08中心試驗）

A5 ○ 鹵化銀的這種性質稱做感光性。

Q6 將硝酸銀水溶液與氫氧化鈉水溶液混合後，可以得到氫氧化銀沉澱。（15中心試驗）

A6 ✖ 不是氫氧化銀，而是會生成氧化銀的棕色沉澱。請確認p.103的反應式！

Q7 硫化鎘（II）與多數金屬硫化物一樣，皆為黑色固體。

A7 ✖ 硫化鎘（II）為黃色，可以製成名為鎘黃的顏料。

Q8 錫在常溫下易溶於稀鹽酸。（13中心試驗）

A8 〇 錫為兩性金屬，可溶於酸中，也可溶於強鹼中。

Q9 錫是青銅的原料之一，可用於製造10圓日幣。（14中心試驗改）

A9 〇 青銅是以銅為主成分的銅錫合金。

Q10 氯化亞錫（II）有氧化作用。

A10 ✖ 氯化亞錫有還原作用，反應後會生成4價的錫離子。

Q11 將用於漱口藥之碘的氣體冷卻後，不會變成液體而是直接變成固體。（11中心試驗）

A11 〇 碘會昇華／凝華。

Q12 碘可以溶解於碘化鉀水溶液中。（10中心試驗）

A12 〇 元素態的碘雖然難溶於水，但可以溶解於碘化鉀水溶液中，形成I_3^-離子。

Q13 碘可以用來檢測澱粉。

A13 〇 碘與碘化鉀的水溶液（紅棕色）會與澱粉反應，轉變成紫紅～藍紫色，這就是碘與澱粉的反應，可以用於檢測澱粉。

第 **4** 章

第6週期

與第5週期類似，第6週期中也有許多很少聽過的元素。雖說如此，銀、金、鉑等貴金屬，以及鋇、鉛等生活中常見金屬也屬於這個週期。需花2頁來介紹的金屬元素皆相當重要，請記熟它們的性質。

55
Cs
銫
[Cesium]

原子量	132.9055	常溫下狀態	固態	熔點	28℃	沸點	671℃
密度	1.873 g/cm³	發現年	1860年	發現者	羅伯特・本生、古斯塔夫・克希荷夫		
顏色	略帶黃色的銀色	分類	鹼金屬				

運用銫計時的原子鐘有非常高的精度，
目前我們就是用銫原子鐘的測定原理來定義「秒」。

Cs

銫是鈾經過核分裂後
產生的生成物之一。

專欄

超高精度的時鐘！

　　銫可以用來製作原子鐘，這是種精度很高的時鐘。事實上，現在的「1秒」就是用銫原子鐘來定義的。銫原子鐘所產生的誤差可以小到3000萬年只差1秒，不過近年來研究人員們仍持續研究精度更高的時鐘。舉例來說，某些研究報告就指出光晶格鐘的精度可以比銫原子鐘還要高，2015年2月的實驗結果顯示，2台光晶格鐘需經過160億年，才會產生1秒的誤差。宇宙的年齡為138億年，由此可見這種時鐘的精度有多高。

　　這麼精密的時鐘除了用來「做為時間標準」之外，還可以在某些實驗中測量精準的時間長度。在愛因斯坦提出的一般相對論中提到「重力愈重的地方，時間過得愈慢」。因此，我們可以藉由光晶格鐘所測量到的時間延遲，計算出重力的強度。

金屬的性質

　　週期表中幾乎大多數的元素都是金屬元素。我們周圍也常可見到鐵、鋁、銅等各式各樣的金屬。金屬的用途之所以那麼廣，是因為金屬有許多方便的性質。

　　首先要介紹的是「延展性」。日本的高中化學中會將其分成「展性」與「延性」來教。兩者指的都是物質受力後變形的性質。其中，展性指的是物質受力後變廣變薄，成為箔狀的性質；延性指的則是物質受到拉力時會被拉開成線狀的性質。這些性質使金屬易於加工，可以製成金箔、鋁箔等箔狀物，也可以製成鋼材等棒狀物。

　　再來要介紹的是「導熱度與導電度很高」的性質。電子可以搬運熱能與電能。金屬物質會藉由自由電子形成金屬鍵，進而形成金屬結晶。也就是說，因為金屬內有許多可以自由活動的電子，故傳遞熱能與電能的速度也很快。這和我們在介紹碳的頁面（→p.020）中所提到的「碳的共價鍵結晶──鑽石無法導電，擁有自由電子的石墨卻可以導電」一樣。金屬的這種性質可以用在料理時使用的鍋子與平底鍋，以及提供電力的電線等。

　　最後要介紹的金屬性質是「擁有金屬光澤」。人類眼睛可以看到的波長範圍稱做可見光，而金屬反射可見光的效率相當高。特別是銀在可見光波段的反射率可達98%，故可製成鏡子。

　　善用這些性質，可以讓我們人類的生活變得更為豐富。

重要度 ★★★☆

56
Ba

鋇
[Barium]

元素筆記

原子量	137.327	常溫下狀態	固態	熔點	729℃	沸點	1898℃
密度	3.51 g/cm³	發現年	1808年	發現者	漢弗里・戴維		
顏色	銀白色	分類	鹼土金屬				

鈦酸鋇（$BaTiO_3$）
是很強的介電材料，
可用以製作電容。

可製成鋇鐵氧磁體（$BaFe_{12}O_{19}$）
之鐵氧體磁石。

鋇離子的
焰色反應為黃綠色，
可用於煙火。

鋇離子本身有毒性，
碳酸鋇（$BaCO_3$）可做為殺鼠劑。

X光無法穿透硫酸鋇（$BaSO_4$），
水及胃酸皆無法溶解硫酸鋇，
故硫酸鋇可做為X光攝影時的
顯影劑。

○×
小測驗

硫酸鋇難溶於水。

（17中心試驗改）

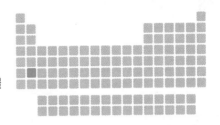

這裡是重點

✓ 鹼土金屬的一種
✓ 硫酸鋇難溶於水，為白色固體

鋇的硫酸鹽

鋇等鹼土金屬與硫酸反應後，會形成難溶於水的硫酸鹽。下式即為氫氧化鋇$Ba(OH)_2$與硫酸中和生成硫酸鋇的反應。

$$Ba(OH)_2 + H_2SO_4 \rightarrow BaSO_4 + 2H_2O$$

其中，硫酸鋇$BaSO_4$特別難溶，即使在100℃的熱水中，溶解度也只有0.40 mg/100 g而已。而且不只是水，硫酸鋇在酸或鹼中都很難溶解，所以硫酸鋇不會溶於胃液中，再加上它可以吸收X光，故可做為X光攝影的顯影劑。

X光檢查

健康檢查中的X光檢查應該是在人生中感覺鋇離自己「最近」的時刻吧。那麼接著就讓我們來看看X光檢查是怎麼回事吧。

首先受檢者需服用發泡劑，這是能使胃膨脹的粉末。胃部膨脹後，能方便我們看出某些原本不易觀察到的胃部異常。之後受檢者需再服下X光顯影劑，也就是硫酸鋇，大約120 mL左右。硫酸鋇沒有氣味也沒有味道。而且因為硫酸鋇不溶於水，故需趁著液體呈現混濁黏稠狀的時候服下。檢查時需要數度改變姿勢，且需盡可能忍耐打嗝與放屁。雖然這種X光檢查比較麻煩一些，不過為了健康還請多加忍耐。

A ○ … 硫酸鋇為不溶於水的白色沉澱。

72 Hf

鉿
[Hafnium]

原子量 178.49	**常溫下狀態** 固態	**熔點** 2230℃　**沸點** 5197℃
密度 13.31 g/cm³	**發現年** 1923年	**發現者** 德克・科斯特、喬治・德海韋西
顏色 銀灰色	**分類** 過渡金屬	

專欄

第4族元素

用於製作
原子爐的控制棒。

　　讓我們看看和鉿在週期表中同一縱行的元素。Hf的上方為鈦Ti與鋯Zr。這些元素的性質相當類似，而且這些金屬都可以做為戒指的材料。

---

73 Ta

鉭
[Tantalum]

原子量 180.9479	**常溫下狀態** 固態	**熔點** 2985℃　**沸點** 5510℃
密度 16.65 g/cm³	**發現年** 1802年	**發現者** 安德斯・埃克貝格
顏色 銀灰色	**分類** 過渡金屬	

專欄

說不定身體內就有這種元素

鉭可以製成電容等
電子零件，
幾乎所有的電器產品
都可以看到鉭。

　　鉭的抗蝕性很強，又對人體無害，故可以做為治療牙齒時埋在體內的零件，或者是製成人工骨骼、人工關節等結構。

　　另外，鉭也可以製成手機內的電容，是相當重要的元素，故被指定為稀有元素。

74
W

鎢
[Tungsten]

元素筆記

原子量 183.84	**常溫下狀態** 固態	**熔點** 3407℃	**沸點** 5555℃
密度 19.3 g/cm³	**發現年** 1781年	**發現者** 卡爾‧威廉‧舍勒	
顏色 銀白色	**分類** 過渡金屬		

熔點最高的金屬，
可做為燈泡內的燈絲。

相當重。
撐不住了～ 好重啊～

嘰～
合金的硬度非常高，
可製成鑽頭。

專欄

為人類帶來「光明」

　　世界上第一個藉由電力點亮燈泡的是約瑟夫‧斯萬。他在19世紀後半時，以紙與其他纖維製成白熾熱燈泡的燈絲（發光部分）。之後，湯瑪斯‧愛迪生改良了這種燈泡並將之商業化。而當時商業化燈泡所使用的燈絲，居然是由生長於日本的竹子製成！愛迪生在實驗中發現，竹子的纖維可以讓燈泡亮得特別久，於是從世界各地蒐集竹子的樣本，最後選用了日本的竹子。

　　後來又經過研究人員們的改良，最後便使用鎢絲做為白熾熱燈泡的燈絲。鎢是熔點最高的金屬，耐熱度很高，目前幾乎所有的白熾熱燈泡都是以鎢絲做為燈絲。

　　不過，20世紀前半的日光燈，以及20世紀末發明的LED燈泡逐漸淘汰了白熾熱燈泡。白熾熱燈泡最大的缺點就是耗電量相當大，在發光的同時也會放出大量熱能。故現在人們漸漸改用耗電量較小的日光燈與LED燈泡。

75
Re
鍊
[Rhenium]

元素筆記

原子量 186.207	**常溫下狀態** 固態
密度 21.02 g/cm³	**發現年** 1925年
顏色 銀灰色	**分類** 過渡金屬

熔點 3180℃　　**沸點** 5596℃

發現者 沃爾特・諾達克・伊達・塔克、奧托・伯格

鍊的半衰期約為433億年。
我們可藉由
某物體內的鍊含量，
測定這種物體的年代。

專欄

鍊與日本

　　記錄上，鍊被發現的時間為1925年。但據說，在這之前小川正孝就發現了這種元素。當時小川正孝將其命名為Nipponium，卻因計算錯誤而誤以為這種元素是原子序43的元素（之後發現的Tc），並發表了錯誤的研究結果，後來這個名字也被取消。

76
Os
鋨
[Osmium]

元素筆記

原子量 190.23	**常溫下狀態** 固態
密度 22.57 g/cm³	**發現年** 1803年
顏色 藍白色	**分類** 過渡金屬

熔點 3045℃　　**沸點** 5012℃

發現者 史密森・特南特

其合金相當堅固，
可製成鋼筆筆尖。

專欄

四氧化鋨（Ⅷ）

　　鋨的氧化數可以是0到＋8。其中，四氧化鋨（Ⅷ）OsO_4是鋨與4個氧共形成4個雙鍵的化合物。四氧化鋨有一定毒性，不過它可打開烯類的雙鍵，再加上2個氫氧基，是重要的氧化劑。

77
Ir

銥
[Iridium]

原子量 192.217	**常溫下狀態** 固態	**熔點** 2443℃	**沸點** 4437℃
密度 22.56 g/cm³	**發現年** 1803年	**發現者** 史密森・特南特	
顏色 銀白色	**分類** 過渡金屬		

單位「m」的定義

　　過去我們曾用由鉑銥合金製成的公尺原器做為長度單位「m」的基準。順帶一提，現在為了得到更為精確的「m」，我們改用「真空中的光在299,795,458分之1秒內前進的距離」來定義1 m。

公尺原器中會用到。

定義世界的元素

　　世界上有許多單位，譬如電力功率的單位是瓦特、頻率的單位是赫茲等等，這些單位的基礎是公尺、公斤等7個基本單位。上面的專欄提到，公尺原器的原料會用到銥。另外，在前面介紹銫的頁面中也提到目前我們是用銫來定義1秒。除此之外，我們也用12g的碳所含有的碳原子個數來定義1莫耳，可見有許多元素被用來定義基本單位，進而定義了這個世界。直至不久前，1公斤仍是由國際公斤原器所定義的。國際公斤原器是1個由90%的鉑、10%的銥製成的合金，外形是1個直徑與高皆為39mm的圓柱，我們以其質量定義1公斤的大小。不過，為了使定義更為精確，必須避免用人造物來定義基本單位，故在2018年11月時，新的公斤定義取代了公斤原器。

78 Pt

鉑

[Platinum]

元素筆記

原子量	195.084	常溫下狀態	固態	熔點	1769℃	沸點	3827℃
密度	21.45 g/cm³	發現年	1748年	發現者	安東尼奧・烏略亞		
顏色	銀白色	分類	過渡金屬				

溶不掉耶……

鉑（白金）十分難以溶解。

以奧士華法製造硝酸時，
鉑可做為催化劑使用。

可用於讓汽車廢氣
轉變為無害氣體。

MY PRECIOUS...

化學性質安定，
外觀美麗的貴金屬，
常用以製成飾品。

可製成
抗癌藥物
──順鉑。

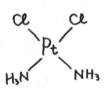

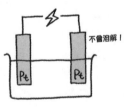

不會溶解！

不容易氧化，
故可做為電解時的電極。

小測驗　│　若以鉑做為陰陽兩極，電解氫氧化鈉水溶液，
　　　　│　兩極分別會生成什麼呢？

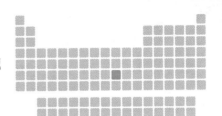

✓ 離子化傾向非常小，反應性極低

✓ 可做為電解時的電極

離子化傾向

　　鉑是離子化傾向非常小的元素。在離子化傾向的順序「鋰銣鉀鈣鈉……銅汞銀鉑金」中，鉑是倒數第2個出現的金屬，只有王水（將濃鹽酸與濃硝酸以3：1的比例混合）才能溶解鉑。

　　由於鉑的離子化傾向非常小（＝不容易形成離子），故可用來做為電解時的電極。

元素態鉑的應用方式

　　元素態的鉑常做為催化劑使用，以奧士華法（→p.027）製造硝酸時就會用到鉑。

專欄

不只漂亮！除了製成飾品外還有其他用途

　　鉑又叫做白金。聽到白金，一般人可能會聯想到戒指、項鍊等飾品。

　　不過，鉑除了可以製成飾品之外還有許多用途，譬如順鉑就是一種含有鉑的常見抗癌藥物。鉑原子可以和癌細胞的基因本體——DNA結合，抑制癌細胞的分裂，最後使癌細胞消滅。

　　不過順鉑會造成嘔吐、對腎臟的不良影響等副作用，故後來研究人員開發出了名為卡鉑的抗癌藥物，這種藥物同樣含有鉑，副作用卻比順鉑還要輕許多。白金居然也可以做成藥，很神奇吧。

A　　陽極…氧氣、陰極…氫氣。鉑製電極不會參與反應。

重要度 ★★★☆

79
Au

金
［Gold］

 元素筆記

原子量 196.9666	**常溫下狀態** 固態	**熔點** 1064℃	**沸點** 2857℃
密度 19.32 g/cm³	**發現年** 古代	**發現者** 不明	
顏色 金黃色	**分類** 過渡金屬		

導電度很高。

抗腐蝕性強。

延展性高。

工業上常需要鍍金。

可製成有價值的裝飾品，亦可做為流通的貨幣。

○ ×
小測驗

金不會溶解於稀硝酸，卻會溶解於濃硝酸。

（11中心試驗）

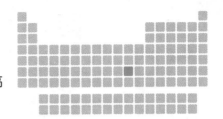

✓ 化學性質穩定
✓ 擁有高導熱度、高導電度、高
　延展性等豐富的物理特性

化學穩定性

　　金擁有在金屬中數一數二的抗腐蝕性，化學性質十分穩定。金不僅難以被酸或鹼腐蝕，金的化合物也很容易分解，生成元素態的金，這就是為什麼說金很穩定的原因。

物理特性

　　金有很好的展性、延性，是能夠打得最薄、拉得最長的金屬，易於加工。另外，金還擁有高導熱度、高導電度，不僅能製成裝飾品，在工業及各產業上也有很高的利用價值。

專欄

金礦就在都市中!?

　　日本，特別是在都市中心地區藏著大量黃金。不過，這些黃金並非埋藏在地底下，而是存在於我們平常使用的電器產品內。這些產品在廢棄後，內部仍含有一定量的貴金屬，故也稱做都市礦山。

　　過去製造的IC晶片中含有黃金。就像「聚沙成塔」這句話一樣，有人估計日本的都市礦山中藏有的黃金，可能佔了全世界黃金總量的近兩成。除了黃金之外，都市礦山內還藏有各種稀有金屬，相關人員們正在研究該如何回收利用這些元素。

A　✗ … 只有將濃鹽酸與濃硝酸以3：1混合而成的王水，才能夠溶解金。

80
Hg

汞
[Mercury]

元素筆記

原子量 200.59	**常溫下狀態** 液態	**熔點** -39℃	**沸點** 357℃
密度 13.546 g/cm³	**發現年** 古代	**發現者** 不明	
顏色 銀白色	**分類** 金屬、鋅族		

汞（水銀）可以做為
溫度計內的液體。

汞可用做電池材料。

考慮到對環境的影響，
近年來多種產品皆限制了汞的使用。

大氣壓力相當於
760mm汞柱所產生的壓力
（托里切利的實驗）。
mmHg為壓力的單位。

水銀燈可藉由
汞蒸氣的電弧現象
發出光芒。

汞是常溫常壓下
唯一呈液態的金屬。

奈良的大佛曾用
汞與金的合金（金汞齊）鍍上一層金。

工廠廢水中的甲基汞
是公害「水俁病」的成因。

○ ×
小測驗　　**所有元素態的金屬在常溫常壓下皆為固體。**

（08中心試驗）

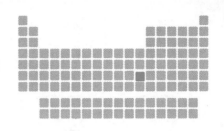

✓ 汞是常溫下唯一的液態金屬！

元素態汞Hg的性質

汞是常溫下唯一以液態存在的銀白色金屬。汞的主要來源為一種叫做硃砂（主成分為HgS）的礦物。此外，汞還可以溶解金Au、銀Ag、錫Sn等各種金屬，得到名為汞齊的合金。某些汞齊可做為催化劑（觸媒）使用。另外，汞可做為日光燈的光源，過去還曾用在溫度計、壓力計等儀器上，現在這些儀器已幾乎不再使用汞。

硫化汞（II）HgS

硫化汞（II）HgS為黑色，不過加熱後結晶結構會改變，形成紅色的硫化汞（II）。這種物質可製成紅色顏料，用在神社的鳥居等處。

專欄

奈良的大佛

奈良的東大寺有一座很大的佛像。這座佛像剛完成時的樣子與現在完全不同，是一座全身金色的佛像。那麼，這個佛像是用金鑄造的嗎？

可惜事情並非如此。佛像是用銅鑄造而成的，外表再用所謂的「消鍍金」技術塗上一層黃金。這是將金溶解在汞中成為金汞齊，將金汞齊塗在物體上，再用火蒸發掉汞，只留下金的鍍金方式。

但這會產生一個問題。汞蒸氣有很強的毒性，故有人認為當時奈良所產生的汞蒸氣危害到了許多人的健康。另外，也有人認為就是因為這些汞的危害，使國都不得不從奈良遷移到京都。不過這種說法正逐漸被人們否定。

A　　✕ … 汞是唯一常溫下為液體的金屬。

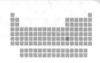

81 Tl

鉈
[Thallium]

元素筆記

原子量	204.3833	常溫下狀態	固態	熔點	304℃	沸點	1473℃
密度	11.85 g/cm³	發現年	1861年	發現者	威廉・克魯克斯、克洛德・拉米
顏色	銀白色	分類	金屬、硼族

專欄

因為和 K⁺ 很像

　　鉈離子與生物所必需的鉀離子性質類似，因此若不小心攝取到含有鉈的物質，鉈離子會抑制鉀離子的作用，故目前鉈已被指定為有毒物質。

鉈有一定毒性，可製成殺鼠劑。

專欄

元素的命名方式

元素的命名有一定規則，譬如許多元素名稱結尾都是「-nium」。以下就讓我們來看幾個元素命名的規則吧。

首先，最好理解的規則是「許多金屬元素名稱的語尾為-ium」。這是負責制定元素名稱標準的國際機構——IUPAC（International Union of Pure and Applied Chemistry）所制定的新元素命名規則。順帶一提，18世紀末以後被發現，且名稱以-ium結尾的元素皆為金屬元素，然而氦（helium）與硒（selenium）卻是例外。這是因為，氦與硒在剛被發現的時候也被認為是金屬元素。

金屬元素中，有少數元素的語尾不是-ium，而是-um，鉑（platinum）就是其中一個例子。-um語尾在拉丁語中代表金屬，某些金屬的拉丁語也是以-um結尾，如ferrum（鐵）、aurum（金）、argentum（銀）等。這些元素的元素符號也是來自它們的拉丁語名稱。

事實上，原本金屬元素名稱是以-um結尾，不過從19世紀初開始，人們開始用-ium做為語尾。以鋁為例，最初提議的名稱為aluminum，後來卻又提議以aluminium做為名稱。現在較常用的名稱是後者的aluminium，不過美國卻比較常用aluminum這個名稱。

另一方面，18世紀末以後發現的非金屬元素中，除了氦與硒之外，語尾皆為-on或-ine。譬如碳（carbon）、硼（boron）、矽（silicon）皆是以-on結尾的非金屬元素。原本硼與矽在被發現時也被認為是金屬元素，故命名時用的也是-ium語尾。此外，鹵素語尾為-ine，惰性氣體除了氦以外語尾皆為-on。在這些既有元素名稱的規則下，IUPAC於2016年時稍微更改了發現新元素時的命名規則，規定當有新的第17族或第18族元素被發現時，新元素的名稱需分別以-ine、-on做為語尾。2016年時認可的新元素名「础」（tennessine）、「氮」（oganesson）便是依照這樣的規則命名。

82
Pb

鉛
[Lead]

元素筆記

原子量 207.2	**常溫下狀態** 固態	**熔點** 328℃	**沸點** 1750℃
密度 11.35 g/cm³	**發現年** 古代	**發現者** 不明	
顏色 藍灰色	**分類** 金屬、碳族		

鉛會累積在體內，對人體造成不良影響。鉛可能會混入多種與日常生活密切相關的物質，進而造成健康問題。

鉛的熔點很低，且有抗腐蝕性，過去曾做為汙水管的材質。

在玻璃中混入鉛的話可降低其熔點，使其易於加工，還可以增加玻璃的光澤。

拍X光片時所穿的防護衣內便含有鉛。鉛的密度很高，可以阻擋X射線通過。

電池

汽車的電池是以鉛與二氧化鉛為兩極的鉛蓄電池。

○ ✕
小測驗

做為電池使用的鉛，其最大的氧化數為＋2。

（17中心試驗）

- ✓ 含有鉛離子的水溶液可以和各種陰離子反應，生成多種沉澱物
- ✓ 鉛是柔軟、易於加工的金屬
- ✓ 兩性元素

元素態的鉛

鉛有藍灰色的金屬光澤，是一種相對較軟、熔點相對較低的金屬（328℃）。另外，因為鉛的密度大（$11.35g/cm^3$），對輻射線的遮蔽率高，故可用於輻射線的遮蔽材料。

另外，鉛是兩性元素，故可以和酸反應，也可以和強鹼反應。不過，鉛和鹽酸或稀硫酸反應時，會在表面形成難溶於水的$PbCl_2$、$PbSO_4$外膜，故鉛無法溶解於這些溶液中。

鉛離子Pb^{2+}的沉澱

鉛化合物多為白色沉澱（譬如$Pb(OH)_2$、$PbCl_2$、$PbSO_4$等）。不過，鉛碰上硫離子S^{2-}時，會生成PbS黑色沉澱；碰上鉻酸根離子CrO_4^{2-}時，會生成$PbCrO_4$黃色沉澱。

鉛蓄電池

鉛蓄電池的負極是鉛、正極是二氧化鉛，電解液則是稀硫酸。放電時，正負兩極分別會產生以下反應。

$$（負極）Pb + SO_4^{2-} \rightarrow PbSO_4 + 2e^-$$
$$（正極）PbO_2 + 4H^+ + SO_4^{2-} + 2e^- \rightarrow PbSO_4 + 2H_2O$$

鉛蓄電池是可以重複充電的二次電池，充電時電池內的反應與上述放電反應式剛好相反。

A ✗ … PbO_2的Pb氧化數為 +4。

83
Bi

鉍
[Bismuth]

原子量 208.9804	**常溫下狀態** 固態	**熔點** 271.4℃	**沸點** 1560℃
密度 9.747 g/cm³	**發現年** 1753年	**發現者** 克勞德・弗朗索瓦・若弗魯瓦	
顏色 銀白色	**分類** 類金屬、氮族		

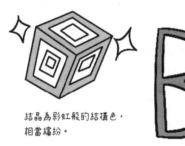

結晶為彩虹般的結構色，
相當繽紛。

熔點很低，
用一般鍋子加熱就會熔化，
可用於低熔點的焊接。

專欄
幻想般的結晶

　　鉍為毒性低的重金屬，其化合物可用於醫療，也可製成超導體應用於工業上。先不提化合物，光是元素態的鉍就有許多有趣的特徵。

　　鉍是熔點相對低的金屬，僅有271.4℃，用家裡的瓦斯爐就可使其熔化。將熔化後的鉍取出後，便會形成插圖般形狀神奇的結晶。有一種說法認為，鉍容易產生過冷卻反應，此時內部會形成許多晶核，使結晶長成這種形狀。另外，鉍結晶表面容易形成氧化外膜，故可呈現出繽紛的顏色。

重要度 ★☆☆☆

84
Po

釙
[Polonium]

元素筆記

原子量	（210）	常溫下狀態	固態	熔點	254℃	沸點	962℃
密度	9.32 g/cm³	發現年	1898年	發現者	皮耶‧居禮、瑪麗‧居禮
顏色	銀白色	分類	類金屬、氧族

專欄

需注意其猛烈的毒性

釙的輻射能非常強，
不慎攝入的話，
會對身體造成
足以致死的毒性。

　　釙擁有很強的輻射能，是元素態物質中數一數二高毒性的物質。某重要人士遭暗殺時，就曾經被懷疑是有人讓他服下了釙。

重要度 ★☆☆☆

85
At

砈
[Astatine]

元素筆記

原子量	（210）	常溫下狀態	固態	熔點	302℃	沸點	337℃
密度	－	發現年	1940年	發現者	埃米利奧‧塞格雷、戴爾‧科爾森、肯尼斯‧羅斯‧麥肯西
顏色	銀白色	分類	類金屬、鹵素

專欄

癌症治療

目前我們對砈這種元素還有許多不了解的地方，但許多人認為砈可能有治療癌症的潛力。

　　長年以來，「癌症」一直是日本人死因的第一名。現在研究砈的人們，有不少是希望能在未來開發出能治療癌症的藥物。砈是放射性物質，研究人員們正在嘗試能否利用砈的輻射線來殺死癌細胞，並盡可能減少對正常細胞的影響。

86
Rn

氡
[Radon]

 元素筆記

原子量	（222）	常溫下狀態	氣態	熔點	-71℃	沸點	-61.8℃
密度	9.73 g/L	發現年	1900年	發現者	弗里德里希・恩斯特・道恩
顏色	無色	分類	非金屬、惰性氣體

過去人們相信含有氡的
溫泉對身體很好，
然而氡是有
強烈輻射能的物質。

 專欄

名稱的由來

　　氡（radon）的名稱來自鐳（radium）。最初研究人員發現鐳所散發出的氣體含有輻射性物質，並將其稱為「鐳射氣（radium emanation）」；後來又因為它會在暗處發光，故以拉丁語中表示「發光」之意的nitens，稱其為「niton」。

大學入學考試模擬是非題
（第6週期篇）

Q1　鋇不會呈現出焰色反應。

A1　✖ 鋇在焰色反應中會呈現出綠色。

Q2　在含有鋇離子的水溶液中加入硫酸，會產生白色沉澱。

A2　○ 硫酸鋇為難溶於水的白色固體。

Q3　鎢可製成燈絲使用。

A3　○ 鎢是熔點很高的金屬，故很適合做為需耐高溫的燈絲材料。

Q4　鉑在空氣中不容易產生化學變化，故可製成飾品。（15中心試驗）

A4　○ 鉑的離子化傾向很低，故反應性很低，只能溶解於王水中。

Q5　工業上會用奧士華法來製造硝酸。奧士華法中需以鉑做為反應物。（12中心試驗改）

A5　✖ 奧士華法中，鉑是做為催化劑，催化氨與氧氣反應生成一氧化氮。

Q6　不存在能夠溶解黃金的酸。

A6　✖ 王水（將濃鹽酸與濃硝酸以3：1混合而成的溶液）可以溶解黃金。

Q7 所有金屬元素在常溫、常壓下皆為固體。

A7 ✖ 汞在常溫、常壓下為液體。

Q8 汞可溶解多種金屬,形成合金(汞齊)。(10中心試驗)

A8 ◯ 為奈良大佛鍍金時,就使用由汞與金所形成的金汞齊。

Q9 1大氣壓下的水銀柱高度為760 mm。

A9 ◯ 1大氣壓=760 mmHg,這個壓力單位至今仍在使用中。

Q10 鉛能與酸反應,卻不能與鹼反應。

A10 ✖ 因為鉛是兩性元素,故可溶於酸中也可溶於鹼中。

Q11 鉛的離子化傾向比氫大,故可溶解於無氧化力的鹽酸及稀硫酸中。

A11 ✖ 鉛表面會形成難溶於水的氯化鉛、硫酸鉛外膜,使其無法溶解於溶液中。

Q12 鉛蓄電池放電時,兩極表面皆會生成硫酸鉛(Ⅱ)。(15中心試驗)

A12 ◯ 陰極的鉛電極,以及陽極的二氧化鉛電極皆會生成硫酸鉛。

Q13 硫酸鉛、鉻酸鉛、硫化鉛皆為白色沉澱。

A13 ✖ 硫酸鉛為白色沉澱,但鉻酸鉛是黃色沉澱,硫化鉛則是黑色沉澱。

第 **5** 章

鑭系元素

會介紹鑭系元素的教科書應該不多吧。不過，鑭系元素中包含了多種工業上很有用的元素，用途相當廣泛。請您用「這種鑭系元素可以用在什麼地方呢？」的角度來閱讀這一章。

重要度 ★☆☆☆

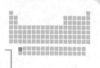

57
La

鑭
[Lanthanum]

元素筆記

原子量 138.9055	常溫下狀態 固態	熔點 920℃	沸點 3461℃
密度 6.145 g/cm³	發現年 1839年	發現者 卡爾·莫桑德	
顏色 銀白色	分類 過渡金屬、鑭系元素		

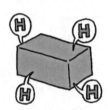

目前正在研究
製成儲氫合金的可能性。

鑭系元素

　　從原子序57的鑭到原子序71的鎦的元素，稱做「鑭系元素（Lanthanide）」。這15個元素的性質十分相近。Lanthanide指的就是「很像鑭的元素」，原本被歸為第6週期的第3族。

重要度 ★☆☆☆

58
Ce

鈰
[Cerium]

元素筆記

原子量 140.116	常溫下狀態 固態	熔點 799℃	沸點 3426℃
密度 6.700～8.240 g/cm³	發現年 1803年	發現者 永斯·貝吉里斯、威廉·希辛格、馬丁·海因里希·克拉普羅特	
顏色 銀白色	分類 過渡金屬、鑭系元素		

可製成研磨劑。

是哪邊發現的呢？

　　1803年時，瑞典與德國的學者同時於巴斯特捏斯（Bastnäs）礦山的礦物中發現了鈰，使兩國為了發現者是誰而爭論不休，鈰也成了第一個引起這種爭議的元素。

59
Pr

鐠
[Praseodymium]

元素筆記

原子量 140.9077	常溫下狀態 固態	熔點 931℃	沸點 3512℃
密度 6.773 g/cm³	發現年 1885年	發現者 卡爾・威爾斯巴赫	
顏色 銀白色	分類 過渡金屬、鑭系元素		

和釹是雙胞胎？

　　研究人員一開始無法分離鐠與釹，而把它們當成同一種元素，到了19世紀末才成功將兩者分離開來，就好像雙胞胎一樣呢！鐠可製成焊接面罩的窗口部分。

焊接面罩的窗口部分會用到鐠。

什麼是稀土元素（Rare-earth element）？

　　稀土元素為鈧（Sc）、釔（Y）以及鑭系元素等共17種元素的總稱。這17種元素皆屬於週期表的第3族。同一族的元素擁有類似性質，這17種稀土元素的化學性質也十分相似。特別是鑭系元素的15個元素，隨著原子序的增加，電子會依序填入「4f軌域」，並表現出特殊的光學特徵與電磁學特徵。這些特徵在工業上相當有用，故許多產業都會用到稀土元素。不過日本的稀土元素幾乎都仰賴進口，難以找到穩定的來源。因此，現在研究人員們正積極開發不需要用到稀土元素的技術。

60
Nd

釹
[Neodymium]

| 原子量 144.24 | 常溫下狀態 固態 | 熔點 1021℃ | 沸點 3068℃ |

密度 7.007 g/cm³　　發現年 1885年　　發現者 卡爾・威爾斯巴赫

顏色 銀白色　　分類 過渡金屬、鑭系元素

釹可以製成釹磁石，是一種強力磁石。

釹磁石可用在
音響等裝置上。

世界最強的磁石

　　釹、鐵、硼等元素混合後，可以得到永久磁石中磁力最強的「釹磁石」。這種釹磁石可以用在混合動力車的馬達、手機的震動裝置等零件，應用範圍很廣。在東大CAST的電力與磁石實驗課程中，釹磁石亦扮演著重要角色。

　　但正因為釹磁石的磁力很強，使用時也需特別小心。即使2個釹磁石之間有一定距離，也會強烈吸引著彼此，一不小心就會猛烈互撞。要是手指不小心被2個釹磁石夾住，不但會受傷甚至可能造成瘀青。不小心吞下肚的話，還可能會造成胃穿孔等意外。另外，要是釹磁石靠近電子儀器的話，電子儀器可能會因為釹磁石的強力磁場而故障。

重要度 ★☆☆☆

61
Pm

鉕
[Promethium]

原子量 （145）	常溫下狀態 固態	熔點 1168℃	沸點 2727℃
密度 7.22 g/cm³	發現年 1947年	發現者 雅各布·馬林斯基、勞倫斯·格倫德寧、查爾斯·科耶爾	
顏色 銀白色	分類 過渡金屬、鑭系元素		

過去鉕曾做為螢光塗料，塗在時鐘的指針上等。但考慮到安全性，現在已經不使用。

專欄

地球上只有780g

鉕是天然鈾礦中的鈾在核分裂後生成的產物，估計整個地球僅有780g左右。順帶一提，其他存在於地殼中的元素：氧的質量約為$2.7×10^{27}$g、鐵約$3.8×10^{26}$g、金約$1.9×10^{21}$g。

重要度 ★☆☆☆

62
Sm

釤
[Samarium]

原子量 150.36	常溫下狀態 固態	熔點 1072℃	沸點 1791℃
密度 7.52 g/cm³	發現年 1879年	發現者 保羅·德布瓦博德蘭	
顏色 銀白色	分類 過渡金屬、鑭系元素		

釤鈷

釤鈷磁石有很強的耐熱能力與耐鏽能力。

專欄

過往的榮光

釤鈷磁石過去曾是世界最強的磁石，廣泛用於耳機、時鐘等小型機器上。不過在磁力更強的釹磁石被開發出來後，就讓出了最強磁石的稱號。

重要度 ★☆☆☆

63
Eu

銪
[Europium]

原子量 151.964	常溫下狀態 固態	熔點 822℃	沸點 1597℃
密度 5.243 g/cm³	發現年 1896年	發現者 尤金·德馬塞	
顏色 銀白色	分類 過渡金屬、鑭系元素		

名稱源自於歐洲。

專欄

郵政與銪

含有銪的化合物平時為無色，但照到紫外光時便會發出紅光（螢光）。銪的這種性質可用來製作隱形墨水，像是日本的郵局在分類信件包裹時，就會使用這種墨水印上條碼。

重要度 ★☆☆☆

64
Gd

釓
[Gadolinium]

原子量 157.25	常溫下狀態 固態	熔點 1313℃	沸點 3266℃
密度 7.9 g/cm³	發現年 1880年	發現者 讓·夏爾·加利薩·德馬里尼亞	
顏色 銀白色	分類 過渡金屬、鑭系元素		

MRI檢查所使用的
顯影劑便會用到釓。

專欄

在MRI檢查中扮演著重要角色

健康檢查的MRI檢查項目中所使用的顯影劑，便含有釓元素。不過，目前我們還不曉得累積在體內的釓會不會對身體造成不良影響，故日本厚生勞動省呼籲，檢查時用的顯影劑應控制在最低限度的劑量。

重要度 ★☆☆☆

65
Tb

鋱
[Terbium]

元素筆記

原子量 158.9254	**常溫下狀態** 固態	**熔點** 1356℃	**沸點** 3123℃
密度 8.229 g/cm³	**發現年** 1843年	**發現者** 卡爾‧古斯塔夫‧莫桑德	
顏色 銀白色	**分類** 過渡金屬、鑭系元素		

發現鋱的伊特比村，
也是許多元素的發現地。

專欄

伊特比村

　　伊特比是瑞典的一個小村莊。村莊雖小，卻是許多元素的發現地，其中4個元素在命名時便參考了村的名字「Ytterby」，包括釔Y（yttrium）、鋱Tb（terbium）、鉺Er（erbium）、鐿Yb（ytterbium）等。這村莊很厲害吧。

重要度 ★☆☆☆

66
Dy

鏑
[Dysprosium]

元素筆記

原子量 162.5	**常溫下狀態** 固態	**熔點** 1412℃	**沸點** 2562℃
密度 8.55 g/cm³	**發現年** 1886年	**發現者** 保羅‧德布瓦博德蘭	
顏色 銀白色	**分類** 過渡金屬、鑭系元素		

釹！

可以提升釹磁石的耐熱度。

專欄

緊急用照明的燈光

　　鏑可以貯藏光能並發光，故可做為標示緊急出口之燈光的螢光塗料。以前的螢光塗料不是含有放射性物質，就是沒辦法長時間發光，故鏑製螢光塗料可說是劃時代的發明。

重要度 ★☆☆☆

67
Ho

鈥
[Holmium]

元素筆記

原子量 164.9303	常溫下狀態 固態	熔點 1474℃	沸點 2395℃
密度 8.795 g/cm³	發現年 1879年	發現者 馬克・德拉方丹、
顏色 銀白色	分類 過渡金屬、鑭系元素	雅克・路易斯・索雷、佩爾・克里夫

專欄

🧪 鈥的發現歷史

　　瑞士的德拉方丹、索雷等兩人，以及瑞典的克里夫分別獨立發現了鈥。索雷發現鈥的時間點比較早一些，不過目前的元素名稱用的是克里夫所取的Holmium（源自斯德哥爾摩Stockholm）。

可用於醫療用雷射。

重要度 ★☆☆☆

68
Er

鉺
[Erbium]

元素筆記

原子量 167.259	常溫下狀態 固態	熔點 1529℃	沸點 2863℃
密度 9.066 g/cm³	發現年 1843年	發現者 卡爾・古斯塔夫・莫桑德
顏色 銀白色	分類 過渡金屬、鑭系元素

專欄

🧪 光通訊中不可或缺的元素

　　光訊號在光纖中長距離移動時，訊號會逐漸衰弱，中間需要適度放大訊號才行。而鉺可以製成訊號放大器，混有鉺的光纖可以實現長距離的高速通訊。

放大!!
鉺是光纖中很重要的元素

69
Tm

銩
[Thulium]

元素筆記

原子量 168.9342	常溫下狀態 固態	熔點 1545℃	沸點 1947℃
密度 9.321 g/cm³	發現年 1879年	發現者 佩爾·克里夫	
顏色 銀白色	分類 過渡金屬、鑭系元素		

專欄

銩的同位素

銩有30多種同位素。自然界存在的銩是 ^{169}Tm，其他的放射性同位素中，有的半衰期甚至只有1000000000分之1秒。

銩可與鉺一起用於光纖的光訊號放大器。

70
Yb

鐿
[Ytterbium]

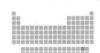

元素筆記

原子量 173.054	常溫下狀態 固態	熔點 824℃	沸點 1193℃
密度 6.965 g/cm³	發現年 1878年	發現者 讓·夏爾·加利薩·德馬里尼亞	
顏色 銀白色	分類 過渡金屬、鑭系元素		

專欄

Yb的用途

目前鐿幾乎沒有商用價值。不過，當金屬鐿受到的壓力上升時，其電導度也會產生變化。這種性質或許可以用來檢測爆炸時的衝擊波。

鐿光束！

可用於雷射裝置。

71 Lu

鎦 [Lutetium]

原子量 174.967	**常溫下狀態** 固態	**熔點** 1663℃	**沸點** 3395℃
密度 9.84 g/cm³	**發現年** 1907年	**發現者** 卡爾·威爾斯巴赫、喬治·佑爾班	
顏色 銀白色	**分類** 過渡金屬、鑭系元素		

元素筆記

化學性質與釔十分相似。

專欄

請給我出場機會！

科學家們一直在研究鎦是否能做為陶瓷材料，或者用於放射線治療等，但至今仍尚未實用化。不過，最近地球科學領域的科學家們已開始用半衰期達378億年的^{176}Lu進行年代測定。

專欄

什麼是稀有金屬？

稀有金屬如其名所示，是指產量稀少的金屬。說得更精確一點，日本的稀有金屬指的是「地球上的存量非常少，或者存量不算少但萃取困難，難以在市面上流通的金屬。為了工業上的需要，國家必須確保其來源的金屬」。日本的經濟產業省指定了31種稀有金屬。稀有金屬和稀土金屬在字面上很像，卻是不同的概念，請不要混淆了（順帶一提，稀土金屬為31種稀有金屬中之一）。

日本幾乎沒有任何稀有金屬的礦脈。目前日本若要獲得稀有金屬，就只能藉由進口取得。不過，近年來稀有金屬的價格愈來愈昂貴，使科學家們開始積極嘗試從廢棄的家電、手機中的金屬——即所謂的「都市礦山」中，提煉、回收稀有金屬，以減少對進口的依賴。

第 6 章

錒系元素

錒系元素常與鑭系元素一同被放在週期表的下方。鑭系元素幾乎都可在自然界中找到，然而錒系元素在鈾以後的元素皆為人工合成元素，而且這些元素皆為放射性元素。錒系元素都是些很少聽過的元素，請試著用閱讀雜誌的感覺來讀本章內容。

89
Ac

錒
[Actinium]

原子量 (227)	常溫下狀態 固態	熔點 1047℃	沸點 3197℃
密度 10.06 g/cm³	發現年 1899年	發現者 安德烈・德比埃爾內	
顏色 銀白色	分類 過渡金屬、鋼系元素		

擁有很強的放射能，
會發出藍白色光芒。

專欄

如名所示

　　錒（Actinium）的名稱來自希臘語中的放射線「aktis」。如名所示，錒是一種有放射性的元素，會釋出很強的α射線。目前有科學家正在研究如何將其應用在癌症治療。

90
Th

釷
[Thorium]

原子量 232.0377	常溫下狀態 固態	熔點 1750℃	沸點 4787℃
密度 11.72 g/cm³	發現年 1828年	發現者 永斯・貝吉里斯	
顏色 銀白色	分類 過渡金屬、鋼系元素		

專欄

來自宇宙的訊息

　　釷是自然存在的元素中最重的元素之一。這種元素可能是在宇宙的超新星爆炸中被合成出來的。日本的昂星團望遠鏡從銀河系以外的宇宙捕捉到了釷的光芒，或許我們可藉此解開某些宇宙之謎。

可用於光纖等產品。

重要度 ★☆☆☆

91
Pa

鏷
[Protactinium]

原子量 231.0359	**常溫下狀態** 固態	**熔點** 1840℃	**沸點** 4030℃
密度 15.37 g/cm³	**發現年** 1918年	**發現者** 莉澤·邁特納、奧托·哈恩
顏色 銀白色	**分類** 過渡金屬、鋼系元素

專欄

海底地層的年代測定

鏷有29種同位素。其中鏷231是由鈾235在 α 衰變後生成，可用於測定海底的地層年代。

鏷231可用於海底地層的年代測定。

專欄

超鈾元素

原子序比92的鈾還要大的元素，統稱為「超鈾元素」。地球上幾乎沒有任何自然存在的超鈾元素，只有鈾礦或使用過的核能燃料棒中，含有微乎其微的超鈾元素。

像超鈾元素這種原子序很大的元素，其原子核內含有大量質子。質子是帶有正電荷的粒子，會互相排斥。這些互相排斥的質子需藉由名為「核力」的力量綁在一起，使其勉強聚集在原子核內。因此，在合成原子序很大的超鈾元素的原子核時，需將很多質子聚在一起才行，這是個相當困難的任務，就算勉強合成出來，通常也會馬上釋放出放射線，衰變成其他原子核。

92
U

鈾
[Uranium]

元素筆記

| 原子量 | 238.0289 | 常溫下狀態 | 固態 | 熔點 | 1132℃ | 沸點 | 4172℃ |

密度 18.95 g/cm³　**發現年** 1789年　**發現者** 馬丁‧海因里希‧克拉普羅特

顏色 銀白色　**分類** 過渡金屬、鋼系元素

添加鈾的鈾玻璃在紫外線的照射下，
會發出美麗的綠色光芒，能以高價買賣。

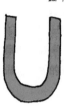

鈾可做為核燃料用於核能發電。

專欄

核能發電機制

　　鈾是地球上的天然元素中，相對穩定且大量存在的放射性元素。因此，鈾目前主要用於核能發電。以下就讓我們來看看核能發電的機制吧。

　　首先，我們會用中子撞擊鈾，觸發核分裂反應，使鈾分裂成釔（→p.096）和碘（→p.110）。將此時產生的能量用於加熱液態水，使水蒸發推動渦輪轉動，再藉由轉動的渦輪所產生的電磁感應現象產生電力。

　　不過，核分裂的核能發電在產生能量時也會同時產生放射性物質。要是沒有管理好這些物質的話，會逸出輻射線，對生物健康造成很大的威脅。雖然現在太陽能、地熱等利用「再生能源」發電的方法漸受重視，但發電量仍不夠，故我們仍需持續思考可以取代核能發電地位，對環境又友善的發電方式。

93
Np

鎵
[Neptunium]

元素筆記

原子量 (237)	常溫下狀態 固態	熔點 640℃	沸點 3902℃
密度 20.25 g/cm³	發現年 1940年	發現者 埃德溫・麥克米倫、菲力普・艾貝爾森	
顏色 銀白色	分類 過渡金屬、鋼系元素		

鎵的名稱源自海王星。
除了鎵以外，
還有數種元素也是以
星體命名。

專欄

名稱的由來

鎵的原子序為93，是鈾的下一個元素。由於鈾（Uranium）是以天王星（Uranus）命名，故鎵（Neptunium）便以海王星（Neptune）命名。順帶一提，鎵的下一個原子——鈽（Plutonium）是以冥王星（Pluto）命名。

94
Pu

鈽
[Plutonium]

元素筆記

原子量 (239)	常溫下狀態 固態	熔點 639.5℃	沸點 3231℃
密度 19.84 g/cm³	發現年 1940年	發現者 格倫・西博格、埃德溫・麥克米倫、約瑟夫・甘迺迪、阿瑟・華爾	
顏色 銀白色	分類 過渡金屬、鋼系元素		

專欄

做為核燃料的Pu

鈽是著名的核燃料。提到核燃料，一般人可能會想到核能發電，但其實鈽還可以製成核電池。核電池有重量輕、體積小、壽命長等優點，故可做為人造衛星用的電源。

鈽是核能發電
主要燃料的一種。

重要度 ★☆☆☆

95
Am

鋂
[Americium]

 元素筆記

原子量 （243）	**常溫下狀態** 固態	**熔點** 1172℃	**沸點** 2607℃
密度 13.67 g/cm³	**發現年** 1945年	**發現者** 格倫·西博格、利昂·摩根、	
顏色 銀白色	**分類** 過渡金屬、鋼系元素	雷夫·詹姆斯、阿伯特·吉奧索	

伽瑪！

 專欄

名稱的由來？

鋂在週期表中位於銪（Europium）的正
下方。據說，因為銪的名稱來自歐洲大陸，
故其正下方的元素才會以美洲大陸命名為
Americium。

鋂在低能量的狀態下能釋放
出γ射線，故會用於分析裝
置等。

重要度 ★☆☆☆

96
Cm

鋦
[Curium]

元素筆記

原子量 （247）	**常溫下狀態** 固態	**熔點** 1337℃	**沸點** 3110℃
密度 13.3 g/cm³	**發現年** 1944年	**發現者** 格倫·西博格、利昂·摩根、	
顏色 銀白色	**分類** 過渡金屬、鋼系元素	雷夫·詹姆斯、阿伯特·吉奧索	

名稱源自著名的諾貝爾物理
學獎、化學獎得獎者──居
禮夫婦的名字。

 專欄

居禮夫婦

居禮夫婦是放射線研究的先驅，也是釙Po和鐳
Ra的發現者。鋦（Curium）的名稱便是源自於居
禮（Curie）夫婦。不過，發現鋦的是西博格等科學
家，而不是居禮夫婦。

97 Bk

銪 [Berkelium]

元素筆記

| 原子量 | （247） | 常溫下狀態 | 固態 | 熔點 | 1047℃ | 沸點 | － |

密度 14.79 g/cm³

發現年 1949年

發現者 格倫‧西博格、阿伯特‧吉奧索、史丹利‧湯普森、肯尼斯‧史崔特

顏色 銀白色

分類 過渡金屬、鋼系元素

加州大學柏克萊分校是美國代表性的大學之一。

專欄
名門出身的Bk

銪（Berkelium）由加州大學柏克萊分校的格倫‧西博格教授等人發現，其元素名稱源自於柏克萊（Berkeley）大學。許多諾貝爾獎得主出自這所學校，包括發現富勒稀的羅伯特‧柯爾。

98 Cf

鉲 [Californium]

元素筆記

| 原子量 | （252） | 常溫下狀態 | 固態 | 熔點 | 897℃ | 沸點 | － |

密度 15.1 g/cm³

發現年 1950年

發現者 格倫‧西博格、阿伯特‧吉奧索、史丹利‧湯普森、肯尼斯‧史崔特

顏色 銀白色

分類 過渡金屬、鋼系元素

中子

252 Cf

鉲是可應用的元素中，原子序最大的元素。可以做為中子源使用。

專欄
最大的「可應用」元素

1950年時，加州大學柏克萊分校成功合成出鉲，可做為中子源等使用。順帶一提，原子序在鉲之後的元素只能做為研究用，故鉲是目前原子序最大的可應用元素。

重要度 ★☆☆☆

99 Es 鑀 [Einsteinium]

原子量 (252)	常溫下狀態 固態	熔點 860℃	沸點 —
密度 —	發現年 1952年	發現者 格倫・西博格、阿伯特・吉奧索、古格里・蕭平・史丹利・湯普森	
顏色 銀白色	分類 過渡金屬、錒系元素		

元素筆記

名稱源自著名物理學家——愛因斯坦。

專欄

🧪 發現鑀的歷史

鑀是在氫彈試爆實驗的灰燼中發現的元素。1952年，美國在埃內韋塔克環礁進行世界第一個氫彈試爆實驗。

發現這個元素時，相關資訊被視為軍事機密而被封鎖，直到發現後數年才公開。

重要度 ★☆☆☆

100 Fm 鐨 [Fermium]

原子量 (257)	常溫下狀態 固態	熔點 —	沸點 —
密度 —	發現年 1952年	發現者 格倫・西博格、阿伯特・吉奧索、古格里・蕭平・史丹利・湯普森	
顏色 不明	分類 過渡金屬、錒系元素		

元素筆記

與鑀一起在氫彈試爆實驗中被發現。

專欄

🧪 被視為軍事機密的元素

鐨與旁邊的鑀同樣是在氫彈試爆實驗的灰燼中發現的元素。不過，因為當時是冷戰期間，這項發現只能當作軍事機密而不能外流。元素名稱由來為諾貝爾物理學獎的獲獎者——恩里科・費米。

重要度 ★☆☆☆

101
Md

鍆
[Mendelevium]

原子量 (258)	常溫下狀態 —	熔點 —	沸點 —
密度 —	發現年 1955年	發現者 阿伯特・吉奧索、格倫・西博格、伯納德・哈維、古格里・蕭平等人	
顏色 不明	分類 過渡金屬、錒系元素		

專欄

門得列夫

門得列夫為提出週期表的俄羅斯化學家。

門得列夫為提出週期表的化學家。當初他提出週期表時受到很多人的懷疑，不過在剩下的元素一一被發現、週期表的空格一一被填上後，週期表也逐漸被廣為使用。為紀念他的貢獻，這個元素便以他的名字為名。

重要度 ★☆☆☆

102
No

鍩
[Nobelium]

原子量 (259)	常溫下狀態 —	熔點 —	沸點 —
密度 —	發現年 1957年	發現者 阿伯特・吉奧索、格倫・西博格、約翰・沃爾頓、托比昂・西克蘭	
顏色 不明	分類 過渡金屬、錒系元素		

專欄

元素名稱的冷戰

決定名稱時花了不少時間。

多個研究團隊在同一個時間點發現了這種元素，蘇聯的團隊主張應命名為「Joliotium, Jo」，瑞典、美國、英國的團隊則主張應命名為「Nobelium, No」。經過了約30年的「冷戰」，最後才決定採用No。

103 Lr 鐒 [Lawrencium]

元素筆記

| 原子量 (262) | 常溫下狀態 — | 熔點 — | 沸點 — |

| 密度 — | 發現年 1961年 | 發現者 阿伯特‧吉奧索、托比昂‧西克蘭、阿爾蒙‧拉希、羅伯特‧拉帝默 |

| 顏色 不明 | 分類 過渡金屬、錒系元素 |

專欄

 分析超重元素的性質

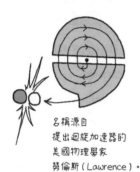

名稱源自
提出迴旋加速器的
美國物理學家
勞倫斯（Lawrence）。

　　一般而言，原子量很大的超重元素通常很不穩定，難以測定其化學性質。不過在2015年時，日本原子力研究開發機構成功用迴旋加速器測出了鐒的電離能。

專欄

 為何週期表的鑭系元素及錒系元素會被縮在同一格呢？

　　鑭系元素與錒系元素各包含了15個元素，分別屬於週期表中的第6週期第3族，以及第7週期第3族。為什麼週期表中的這兩類元素會分別縮成一格，而不是拆成15格呢？要回答這個問題，必須先從週期表的故事開始講起。

　　科學家門得列夫提出了週期表。他將元素依照原子量大小依序排列，發現擁有類似性質的元素會週期性地出現，故將擁有類似性質的元素排在週期表的同一個縱行。也就是說，他希望週期表中同一個縱行的元素會是同一族的元素，擁有類似性質。因此，擁有相似性質的各鑭系元素或各錒系元素在週期表中便會縮在一格中。

第 **7** 章

第 7 週期

包括原子序113的元素鉨在內，第7週期內大多是剛發現不久的元素。這些元素幾乎不存在於自然界，其詳細性質也都是未解之謎。本章將以化學家們為新元素命名的曲折過程為核心內容，介紹每一種元素。

87
Fr

鍅
[Francium]

原子量 (223)	**常溫下狀態** 固態	**熔點** 27℃	**沸點** 677℃
密度 1.87 g/cm³	**發現年** 1939年	**發現者** 瑪格麗特‧佩里
顏色 銀白色(推測)	**分類** 鹼金屬

鍅是自然界存在的元素中，
最晚被發現的元素，
地殼中含有極微量的鍅。

專欄
22分鐘的壽命

鈾礦中含有極微量的鍅，是一種放射性元素。鍅沒有穩定的同位素，是非常不穩定的元素，最穩定的鍅223，半衰期也只有22分鐘。

88
Ra

鐳
[Radium]

原子量 (226)	**常溫下狀態** 固態	**熔點** 700℃	**沸點** 1140℃
密度 5 g/cm³	**發現年** 1898年	**發現者** 皮耶‧居禮、瑪麗‧居禮
顏色 白色	**分類** 鹼土金屬

鐳可以做為螢光塗料使用，
但因為輻射線對人體有害，
現在已不再使用。

專欄
螢光塗料

鐳是放射性元素，過去曾做成螢光塗料，塗在時鐘的鐘面上。當時認為這種元素對人體無害，後來卻發現多名負責塗顏料的女工因而死亡，演變成了法律問題。現在的螢光塗料已改用其他安全的物質製作。

104
Rf

鑪
[Rutherfordium]

元素筆記

原子量 (267)	常溫下狀態 —	熔點 —	沸點 —
密度 —	發現年 1969年	發現者 艾伯特・吉奧索	
顏色 不明	分類 過渡金屬、超鋼系元素		

以有原子物理學之父
稱號的科學家——
拉塞福的名字命名。

專欄

名稱來自拉塞福

鑪（Rutherfordium）這個名稱來自物理學家歐尼斯特・拉塞福（Ernest Rutherford）。他被稱為「原子物理學之父」，提出了「行星模型」，認為原子是由位於中心的小小原子核，以及繞著它旋轉的電子所組成。

105
Db

釒杜
[Dubnium]

元素筆記

原子量 (268)	常溫下狀態 —	熔點 —	沸點 —
密度 —	發現年 1967年	發現者 格奧爾基・佛雷洛夫、阿伯特・吉奧索	
顏色 不明	分類 過渡金屬、超鋼系元素		

以發現了這個元素的
杜布納聯合原子核研究所所在地
——杜布納命名。

專欄

命名權之爭

俄羅斯與美國的團隊曾為這個元素的命名權爭執不下。最後以位於俄羅斯的杜布納聯合原子核研究所所在地——杜布納（Dubna），命名為釒杜（Dubnium）。

106 Sg 鑎 [Seaborgium]

元素筆記

原子量 (271)	常溫下狀態 —	熔點 —	沸點 —
密度 —	發現年 1974年	發現者 艾伯特·吉奧索、格奧爾基·佛雷洛夫	
顏色 不明	分類 過渡金屬、超鋼系元素		

元素名稱源自
發現了許多元素的
格倫·西博格。

名稱的由來

Sg的名稱源自化學家格倫·西博格（1912-1999）。

西博格參與了原子序94的鈽到102的鍩等9個元素的人工合成研究，並於1951年時獲得了諾貝爾化學獎。

---

107 Bh 鈹 [Bohrium]

元素筆記

原子量 (272)	常溫下狀態 —	熔點 —	沸點 —
密度 —	發現年 1981年	發現者 彼得·安布魯斯特、戈特弗里德·明岑貝格	
顏色 不明	分類 過渡金屬、超鋼系元素		

鈹（Bohrium）的名稱
源自物理學家波耳（Bohr）。

俄羅斯與德國的競爭

首先宣稱發現鈹的是俄羅斯的研究所，不過之後德國的研究所也用同樣的方法製造出鈹，並發表了他們的實驗結果。當時曾為了哪一邊的實驗結果較可信而引起了不小的爭論。

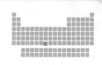

108
Hs

鏍
［Hassium］

| 原子量 (277) | 常溫下狀態 － | 熔點 － | 沸點 － |

| 密度 － | 發現年 1984年 | 發現者 彼得・安布魯斯特、戈特弗里德・明岑貝格 |

| 顏色 不明 | 分類 過渡金屬、超鋼系元素 |

雖然鏍是只能以人工合成的元素，卻已確認到鏍能以化合物形式存在。

專欄
幻數

　　當原子核內的中子與質子個數為特定數字時，原子核會相對較為穩定。這個特定的數字就稱為幻數。鏍的質子數108被認為是幻數之一，但研究指出鏍為不穩定的元素，目前科學家們正持續進行著與幻數有關的研究。

109
Mt

䥑
［Meitnerium］

| 原子量 (276) | 常溫下狀態 － | 熔點 － | 沸點 － |

| 密度 － | 發現年 1982年 | 發現者 彼得・安布魯斯特、戈特弗里德・明岑貝格 |

| 顏色 不明 | 分類 過渡金屬、超鋼系元素 |

科學家邁特納為科學研究做出很大的貢獻，卻只有她的共同研究者獲得諾貝爾獎，或許是因此才以她的名字為元素命名做為補償。

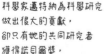

專欄
邁特納與哈恩

　　䥑（Meitnerium）的名字源自於物理學家邁特納（Meitner）。她與哈恩在研究中發現了核分裂現象，卻只有她沒有拿到諾貝爾物理學獎。另一方面，哈恩曾有一次被列為候選的元素名稱卻落選，之後便再也不被納入考慮。

110
Ds
鍅
[Darmstadtium]

元素筆記

| 原子量 (281) | 常溫下狀態 － | 熔點 － | 沸點 － |

密度 －　　**發現年** 1994年　　**發現者** 西格·霍夫曼、彼得·安布魯斯特等人

顏色 不明　　**分類** 過渡金屬、超鋼系元素

名稱源自於德國的學術都市──達姆城。

專欄

名稱的由來

德國的重離子研究所（GSI）以鎳離子撞擊鉛，進而合成出鍅（Darmstadtium）。其名稱源自於GSI所在的達姆城（Darmstadt）。

111
Rg
錀
[Roentgenium]

元素筆記

| 原子量 (280) | 常溫下狀態 － | 熔點 － | 沸點 － |

密度 －　　**發現年** 1994年　　**發現者** 西格·霍夫曼、彼得·安布魯斯特等人

顏色 不明　　**分類** 過渡金屬、超鋼系元素

為紀念倫琴發現X光100週年，便以他的名字命名這個元素。

專欄

名稱的由來

Rg的名稱源自以發現X光著名的物理學家威廉·倫琴（Wilhelm Röntgen, 1845-1923）。由於發表原子序111之元素合成成功報告的時間點，正好是倫琴發現X光的100週年，故新元素的名稱便冠上倫琴的名字。

第7週期　第12族　　　　重要度 ★☆☆☆

112
Cn

鎶
[Copernicium]

 元素筆記

原子量 (285)	常溫下狀態 －	熔點 －	沸點 －
密度 －	發現年 1996年	發現者 西格‧霍夫曼、彼得‧安布魯斯特等人
顏色 不明	分類 鋅族、超鋼系元素

鎶的名稱源自哥白尼，其正式名稱亦選在哥白尼生日時發表。

 專欄

源自地動說的提倡者

　　鎶（Copernicium）的名稱源自地動說——「地球繞著太陽旋轉」的提倡者哥白尼（Copernicus）。也因此，IUPAC選在哥白尼的生日2月19日發表原子序112元素的英語名稱。

第7週期　第13族　　　　重要度 ★☆☆☆

113
Nh

鉨
[Nihonium]

 元素筆記

原子量 (284)	常溫下狀態 －	熔點 －	沸點 －
密度 －	發現年 2004年	發現者 森田浩介等人
顏色 不明	分類 超鋼系元素

以日本為名的元素。

專欄

首度由日本發現的元素

　　在日本的理化學研究所成功證明他們合成出原子序113的元素之後，日本首次獲得了元素的命名權，並於2016年11月正式將其命名為「鉨」。日本的研究團隊用加速後的鋅Zn粒子撞擊鉍Bi，成功得到鉨。

重要度 ★☆☆☆

114
Fl

鈇
[Flerovium]

原子量	(289)	常溫下狀態	－	熔點	－	沸點	－
密度	－	發現年	1999年	發現者	尤里‧奧加涅相
顏色	不明	分類	超鈾系元素

科學家預測鈇的
其中一種同位素
會是特別長壽的超重元素。

專欄

穩定的Fl

　　鈇的質子數為114，由於這個質子數是「幻數」，故鈇的半衰期會比相鄰元素還要長。其中，中子數為幻數184的^{298}Fl被認為位於「穩定島」上，科學家們預測其半衰期應該會比其他超重元素還要長。

重要度 ★☆☆☆

115
Mc

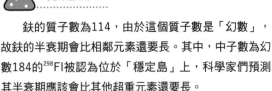

鏌
[Moscovium]

原子量	(288)	常溫下狀態	－	熔點	－	沸點	－
密度	－	發現年	2004年	發現者	尤里‧奧加涅相
顏色	不明	分類	超鈾系元素

名稱源自莫斯科州，
也是杜布納聯合原子核
研究所的所在州。

專欄

新元素

　　有3個元素（原子序115、117、118）的名稱與鏌在同時間確定，鏌（Moscovium）就是其中之一。其名稱源自於杜布納聯合原子核研究所的所在地——莫斯科州（Moscow）。

116
Lv
鉝
[Livermorium]

元素筆記

原子量 （293）	常溫下狀態 －	熔點 －	沸點 －
密度 －	發現年 2000年	發現者 尤里·奧加涅相
顏色 不明	分類 超鋼系元素

專欄

新元素捏造事件

　　最初宣稱發現原子序114、116、118元素的是維克托·尼諾夫（Victor Ninov），後來報告中的資料卻被證實是捏造出來的。原子序116的元素名稱源自之後發現了這個元素的勞倫斯利佛摩（Livermore）國家實驗室。

名稱來自勞倫斯利佛摩國家實驗室，現在這個實驗室仍以原子力為研究核心。

117
Ts
砈
[Tennessine]

元素筆記

原子量 （293）	常溫下狀態 －	熔點 －	沸點 －
密度 －	發現年 2009年	發現者 尤里·奧加涅相
顏色 不明	分類 超鋼系元素

專欄

有些不同的命名方式

　　第7週期中前面的元素名稱皆是以「-ium」為結尾，不過原子序117的元素是第17族，被認為有鹵素的性質，故命名時也會依照鹵素的命名規則，在字尾加上「-ine」，成為「Tennessine」。

砈的名字源自美國的田納西州（Tennessee）。

118
Og

氪
[Oganesson]

元素筆記	原子量 (294)	常溫下狀態 –	熔點 –	沸點 –
	密度 –	發現年 2002年	發現者 尤里·奧加涅相	
	顏色 不明	分類 超鋼系元素		

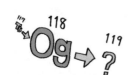

118
Og → 119
?

這是寫作本書時，
已證實存在之
原子序最大的元素。

最重元素

氪是目前已發現的元素中最重的元素。這也是週期表中已確定正式名稱的最後一個元素，原子序為118。在氪這個名稱確定之後，便完成了所有第7週期元素的命名，順利填滿了週期表。

Ununxxx

包含鉨Nh在內的數種元素於2016年時命名完畢。稍早的週期表中，原子序113的元素被寫做Ununtrium（Uut）。這裡的unun是什麼意思呢？

事實上，這又叫做元素的系統命名法，是官方給予的暫時性元素名稱。參考下表列出的各數字寫法，將原子序從百位數開始依序寫下來，並在語尾加上-ium，就是這個元素的暫定名稱。用這種方法可以命名所有元素，譬如原子序在110～119的元素，名稱就是Ununxxx。鉨的原子序為113，故會寫成Un un tri um。

0	1	2	3	4	5	6	7	8	9
nil	un	b(i)	tr(i)	quad	pent	hex	sept	oct	en(n)

第 **8** 章

各族特集

前面我們都是以一個個「橫列」為單位在看週期表，如果改用一個個「縱行」來看的話又會如何呢？事實上，週期表同一縱列的元素稱做同一「族」，同族的元素大多有著相似的性質。本章將介紹週期表中特別重要的第1族、第2族、第17族與第18族元素的特徵。

第1族 鹼金屬

Li Na K Rb Cs Fr

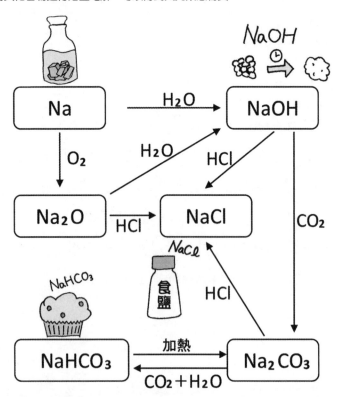

- ✓ 擁有1個價電子，易形成1價的陽離子
- ✓ 元素態皆為銀白色，熔點低，密度小
- ✓ 有很強的氧化還原作用
- ✓ 化合物會呈現出焰色反應
- ✓ 對其化合物進行熔鹽電解，可以得到其元素態物質

以下將著重介紹與鹼金屬Na有關的反應。

元素態（Na）的反應

- 可與水反應產生氫氣，並生成強鹼性的氫氧化物。

$$2Na + 2H_2O \rightarrow 2NaOH + H_2$$

- 可與空氣中的氧反應，迅速生成氧化物。

$$4Na + O_2 \rightarrow 2Na_2O$$

氧化物（Na₂O）的反應

- 為鹼性氧化物，可與水反應生成氫氧化物，或者與酸反應生成金屬鹽類。

$$Na_2O + H_2O \rightarrow 2NaOH$$
$$Na_2O + 2HCl \rightarrow 2NaCl + H_2O$$

氫氧化物（NaOH）的反應

- 水溶液有強鹼性，可以吸收二氧化碳，生成碳酸鹽。

$$2NaOH + CO_2 \rightarrow Na_2CO_3 + H_2O$$

- 將二氧化碳繼續通入上面的碳酸鹽溶液中，會生成碳酸氫鹽。

$$Na_2CO_3 + H_2O + CO_2 \rightarrow 2NaHCO_3$$

碳酸鹽（Na₂CO₃）的反應

- 加入強酸後會分解出弱酸——二氧化碳。

$$Na_2CO_3 + 2HCl \rightarrow 2NaCl + H_2O + CO_2$$

碳酸氫鹽（NaHCO₃）的反應

- 與碳酸鹽類似，加入強酸後會分解出弱酸——二氧化碳。

$$NaHCO_3 + HCl \rightarrow NaCl + H_2O + CO_2$$

- 碳酸氫鹽受熱後會分解，生成碳酸鹽。

$$2NaHCO_3 \rightarrow Na_2CO_3 + H_2O + CO_2$$

第2族 鹼土金屬

Ca Sr Ba Ra

（有時會將所有第2族元素都歸類為鹼土金屬）
（※譯註：台灣教科書會將所有第2族元素都歸類為鹼土金屬）

這裡是重點

✓ 和鹼金屬相比，鹼土金屬的熔點較高、密度較大
✓ 元素態在空氣中受熱後會劇烈燃燒，生成氧化物
✓ 常溫下會與水反應，生成氫氧化物與氫氣
✓ 化合物會呈現出焰色反應
✓ 對其化合物進行熔鹽電解，可以得到其元素態物質

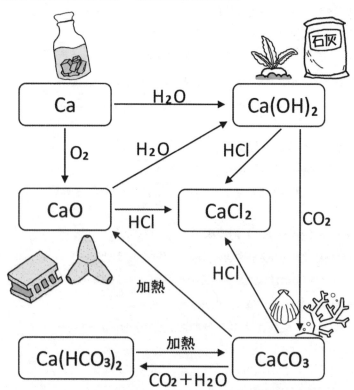

172

以下將著重介紹與鹼土金屬Ca有關的反應。

元素態（Ca）的反應

- 可與水反應產生氫氣，並生成強鹼性的氫氧化物。

$$Ca + 2H_2O \rightarrow Ca(OH)_2 + H_2$$

- 可與空氣中的氧反應，迅速生成氧化物。

$$2Ca + O_2 \rightarrow 2CaO$$

氧化物（CaO）的反應

- 為鹼性氧化物，可與水反應生成氫氧化物，或者與酸反應生成金屬鹽類。

$$CaO + H_2O \rightarrow Ca(OH)_2$$
$$CaO + 2HCl \rightarrow CaCl_2 + H_2O$$

氫氧化物（Ca(OH)₂）的反應

- 受熱後會失去水分子，成為氧化物。

$$Ca(OH)_2 \rightarrow CaO + H_2O$$

碳酸鹽（CaCO₃）、碳酸氫鹽（NaHCO₃）的反應

- 受熱後會分解，產生二氧化碳並轉變成氧化物。

$$CaCO_3 \rightarrow CaO + CO_2$$

- 碳酸鹽難溶於水。在含有碳酸鈣白色沉澱的石灰水（氫氧化鈣水溶液）中通入過量二氧化碳，會生成易溶於水的碳酸氫鈣，使沉澱消失。另外，將碳酸氫鈣水溶液加熱後，可得到碳酸鈣的白色沉澱。

$$CaCO_3 + H_2O + CO_2 \rightleftarrows Ca(HCO_3)_2$$

- 加入強酸後會分解出弱酸——二氧化碳。

$$CaCO_3 + 2HCl \rightarrow CaCl_2 + H_2O + CO_2$$

第17族

鹵素

F Cl Br I At Ts

✓ 擁有7個價電子，易形成1價的陰離子
✓ 元素態皆為雙原子分子，有顏色、具毒性
✓ 鹵化氫皆為無色、具刺激臭味的有毒氣體
✓ 鹵化氫皆易溶於水，水溶液呈酸性

氟氣為淡黃色氣體

氯氣為黃綠色氣體

碘為紫黑色固體

溴為紅棕色液體

常溫下的狀態、顏色

$$F\cdots 氣態、淡黃色 \quad Cl\cdots 氣態、黃綠色$$
$$Br\cdots 液態、紅棕色 \quad I\cdots 固態、紫黑色$$

與氫的反應

- 氟在低溫陰暗處也會與氫產生爆炸性反應，生成氟化氫。

$$F_2 + H_2 \rightarrow 2HF$$

- 氯氣在常溫且有光照的情況下會與氫反應；溴在高溫下會與氫反應，兩者皆會生成鹵化氫。

$$Cl_2 + H_2 \rightarrow 2HCl \ / \ Br_2 + H_2 \rightarrow 2HBr$$

- 碘在高溫下會有一部分與氫反應生成碘化氫，達成平衡狀態。

$$I_2 + H_2 \rightleftarrows 2HI$$

與水的反應

- 氟會與水產生激烈反應，生成氧氣。

$$2F_2 + 2H_2O \rightarrow 4HF + O_2$$

- 氯、溴皆可微溶於水，形成鹵化氫與次氯酸／次溴酸。

$$Cl_2 + H_2O \rightleftarrows HCl + HClO \ / \ Br_2 + H_2O \rightleftarrows HBr + HBrO$$

- 碘難溶於水，不與水產生反應。

元素態的氧化力

- 氧化力的排序如下所示。

$$F_2 > Cl_2 > Br_2 > I_2$$

- 舉例來說，溴離子與元素態的氯會產生反應，但氯離子與元素態的溴不會產生反應。

$$2KBr + Cl_2 \rightarrow 2KCl + Br_2$$
$$2KCl + Br_2 \not\rightarrow 2KBr + Cl_2$$

惰性氣體

He Ne Ar Kr Xe Rn Og

閉殼狀態

第18族元素的電子組態皆為閉殼狀態，也就是說，原子核周圍的電子軌域中，位於最外側的電子軌域皆已填滿電子，沒有價電子能夠與其他原子形成化學鍵。因此，惰性氣體的反應性極低，基本上是以單原子分子的形式存在。

應用

由於惰性氣體的反應性相當低，故常做為充填用氣體。

- 氦（He）→用於充填氣球
- 氖（Ne）→用於充填霓虹燈
- 氬（Ar）→用於充填照明燈具
- 氪（Kr）→用於充填白熾熱燈泡
- 氙（Xe）→用於充填車輛的車頭燈

用 語 解 說

■■■■■■■■■■■■■■■■■■■■■

本章整理了最低限度的用語解釋，以幫助讀者
們理解各元素的介紹內容。當您出現「這到底
是什麼意思呢……？」的想法時，請您翻到本
章查詢各用語的意思。

與週期表有關的用語

族與週期

週期表中，每一縱行為同一族，每一橫列為同一週期。舉例來說，氫是第1族第1週期的元素，碳則是第14族第2週期的元素。

典型元素與過渡元素

週期表中，第1族、第2族以及第12～18族的元素皆稱為典型元素，而第3～11族的元素稱為過渡元素。屬於同一族的元素，性質通常也比較接近。另外，過渡元素全都屬於金屬元素（有時也會將第12族元素歸為過渡元素）。

鹼金屬

週期表中，除了氫以外的第1族元素皆稱為鹼金屬元素。它們的價電子數皆為1，容易形成1價的陽離子。

鹼土金屬

週期表中，除了鈹與鎂以外的第2族元素皆稱為鹼土金屬元素。它們的價電子數皆為2，容易形成2價的陽離子。

惰性氣體（稀有氣體）

週期表中，第18族元素稱為惰性氣體、稀有氣體、鈍氣，有時也會說它們是高貴氣體。其電子組態為閉殼狀態，基本上相當穩定。

鹵素

週期表中，第17族元素稱為鹵素。容易形成1價的陰離子，大多數有很強的氧化力。

鑭系元素與錒系元素

鑭系元素是原子序為57至71的15個元素之總稱。
錒系元素則是原子序為89至103的15個元素之總稱。

與原子有關的用語

原子核

原子核與電子同為原子結構的一部分。原子核位於原子中心，由質子與中子構成，帶有正電荷。

電子

電子與原子核同為原子結構的一部分。電子在原子核周圍繞行，帶有負電荷，是產生電流的粒子。

質子與中子

質子帶有正電荷，是構成原子核的粒子之一。中子不帶電荷，與質子一起組成原子核。

原子序

原子核內所含的質子數，就是這個原子的原子序。

電子軌域、電子組態

繞行原子核的電子，會在某些特定的區域繞行，並帶有固定的能量。

可以容納電子繞行的區域，稱做電子軌域，可以分成K層、L層、M層……等。電子軌域有時會稱為原子軌域或軌域。電子組態則是指軌域內有多少個電子、電子如何填入軌域等。

質量數

質量數指的是原子內共有多少個中子與質子，可以代表原子的質量。舉例來說，質量數為12的碳（以^{12}C表示）有6個質子與6個中子。

同素異形體

由同一種元素構成、性質卻有所不同的物質，稱為同素異形體。舉例來說，石墨與鑽石皆僅由碳元素組成，卻有著不同的性質。要注意的是，同素異形體與同位素是完全不同的概念。

同位素（Isotope）

質子數相同，中子數卻不同的原子稱做同位素，亦稱為Isotope。基本上，同一元素的同位素會擁有十分相似的化學性質。要注意的是，同位素與同素異形體是完全不同的概念。

放射性同位素（Radioisotope）

某些同位素的原子核不穩定，會衰變並釋放出輻射線，這類同位素稱為放射性同位素，亦稱做Radioisotope。

核分裂

大質量原子核分裂成小質量原子核的過程稱為核分裂。原子核分裂時會釋放出很大的能量，可以用來發電，也就是所謂的核能發電。

衰變

原子核釋放出輻射線（α輻射或β輻射等）後，轉變成其他原子核，這個過程稱做衰變。依照釋放出的輻射種類分成α衰變或β衰變等。

半衰期

一群相同的原子核中，一半的原子核衰變成其他原子核所需要的時間稱為半衰期。可以用來比較各原子核衰變的速度。

與物質分類有關的用語

純物質

能用單一化學式來表示的物質，可以分成元素態物質與化合物。

元素態物質

由單一元素組成的純物質，如氧氣（O_2）、氮氣（N_2）、鋁（Al）等。

化合物

由2種以上的元素組成的純物質，如水（H_2O）、二氧化碳（CO_2）、氧化鋁（Al_2O_3）等。

混合物

由2種以上的純物質混合而成的物質。如空氣就是由氮氣、氧氣、二氧化碳等多種純物質混合而成的混合物。混合物是由多種性質相異的純物質混合而成，當各成分的比例不同時，混合物的性質也會有所差異。

與化學反應有關的用語

化學反應

　　擁有某性質的物質經化學變化後，成為擁有另一種性質的物質，這種現象就叫做化學反應。反應前的物質稱為反應物，反應後的物質稱為生成物。反應物與生成物所含有的原子種類與個數皆相同。

分子量

　　分子中各原子的原子量總和。各原子的原子量是該原子質量與碳12（^{12}C）原子質量的1/12的比例。也就是說，原子量為（該原子的質量）÷（^{12}C原子質量的1/12），沒有單位。

莫耳（mol）

　　用以表示物質個數的SI基本單位。定義12g的^{12}C所含有的^{12}C原子個數（亞佛加厥常數：$6.022×10^{23}$個）為1 mol。這個定義在2019年5月20日起稍有變更。在新的定義中，亞佛加厥常數N_A為一個不固定的數，故定義改為「N_A個原子、分子＝1 mol」。

與物質三態有關的用語

熔化（融化）／凝固

　　物質從固體轉變成液體的過程稱為熔化（冰轉變成水時，特稱為融化）；從液體轉變成固體的過程則稱為凝固。這2種現象發生的溫度稱為熔點（融點）或凝固點。

沸騰／凝結

　　物質從液體轉變成氣體的過程稱為氣化。若液體內部也開始氣化的話，稱為沸騰；若只有液體表面氣化，則叫做蒸發。沸騰發生的溫度稱為沸點。相反的，物質從氣體轉變成液體的過程稱為凝結。

昇華／凝華

　　物質從固體轉變成氣體的過程稱為昇華，從氣體轉變成固體的過程稱為凝華。以我們身邊常見的二氧化碳（CO_2）為例，常壓下乾冰轉變成氣體二氧化碳時，不需先變成液態。

收集氣體的方法

　　收集氣體的方法主要有3種，依氣體性質的不同，需使用不同方法收集。難溶於水的氣體可使用排水集氣法收集；易溶於水且比空氣輕的氣體可使用向

下排氣法收集；易溶於水且比空氣重的氣體可使用向上排氣法收集。

排水集氣法

向下排氣法

向上排氣法

與原子內的電子有關的用語

電子殼層

電子會在原子核周圍的電子軌域中繞行。數個電子軌域可組成一個電子殼層。

最外層電子

原子所含有的電子中，位於最外側電子殼層中的電子。其中，除了氦之外，典型元素的最外層電子數，與該元素所屬之族的編號的個位數相同。

價電子

構成原子的電子中，能表現出該物質性質的電子，或者是與其他原子鍵結等情況需考慮到的電子。除了惰性氣體之外，典型元素的價電子數皆與最外層電子數相同，惰性氣體的價電子數則是0。

共價鍵／共用電子對

化學鍵中，兩原子藉由共用電子對而形成的鍵結。此時共用的電子對便稱為共用電子對。在化學鍵中屬於非常強的鍵結。

孤對電子／不成對電子

最外層電子中，與共價鍵無關的電子對稱為孤對電子，不成對的單個電子稱為不成對電子。孤對電子可以形成配位鍵；不成對電子不穩定，故常成為反應開始的契機。

電負度

原子吸引電子的強度，主要取決於質子數與電子殼層的大小。電負度最大的元素為氟。

離子

當原子或原子團所擁有的電子比正常狀況下還要多或少，使其帶有電荷的話，便稱為離子。電子較多時稱為陰離子（如氯離子Cl^-、氫氧根離子OH^-等），電子較少時則稱為陽離子（鈉離子Na^+、銨離子NH_4^+等）。

電離能與電子親和力

電離能指的是使電子離開原子，也就是使原子成為陽離子所需的能量。電離能愈小的原子，愈容易成為陽離子。另一方面，電子親和力則是指原子接受電子，成為陰離子時所釋放出來的能量。電子親和力愈大的原子，愈容易成為陰離子。

離子鍵

以庫倫力連接帶有負電荷的陰離子與帶有正電荷的陽離子，便稱為離子鍵，比共價鍵還要弱一些。

自由電子／金屬鍵

價電子中可以自由在原子間移動的電子，就叫做自由電子。金屬原子間以金屬鍵連接時，就會用到自由電子。自由電子也是金屬之所以具有導電性與導熱性的原因。

與酸鹼反應有關的用語

酸與鹼

若物質溶於水中時會產生出氫離子H^+，這種物質就叫做酸；會產生出OH^-便稱為鹼。醋與鹽酸HCl為酸性，肥皂與氫氧化鈉$NaOH$則屬於鹼性。

中和

酸與鹼所產生的反應。一般而言，生成物都會含有水H_2O，以及由酸的陰離子與鹼的陽離子所形成的鹽類化合物。

pH

用來表示酸性或鹼性的指標。以氫離子H^+的濃度為基準計算出來的數字（→p.013）。pH為7時是中性，小於7時是酸性，大於7時是鹼性。

與氧化反應有關的用語

氧化與還原

　　氧化指的是某物質接受氧、失去氫，或者失去電子的反應；還原則是其逆反應。氧化對方的物質叫做氧化劑；還原對方的物質叫做還原劑。氧化劑在反應後自己會被還原；還原劑在反應後自己會被氧化。氧化數可用以表示原子的氧化程度。物質被氧化後氧化數會增加，被還原後氧化數會減少。

電池

　　將氧化還原反應所產生的化學能轉變成電能的裝置。電流會從正極流向負極，正極會發生還原反應，負極會發生氧化反應。

電解

　　從外部對電解質水溶液施加電能，使水溶液產生氧化還原反應。與電池正極相連的陽極會產生氧化反應，與電池負極相連的陰極則會產生還原反應。

與金屬有關的用語

焰色反應

　　將某種元素放入火焰中時，該元素會呈現出特有顏色的現象。各元素的呈色請參考p.095。

離子化傾向

　　金屬元素在水溶液中傾向於失去電子，成為陽離子的性質。離子化傾向愈大的原子愈容易成為陽離子。各原子離子化傾向由大到小依序為Li、K、Ca、Na、Mg、Al、Zn、Fe、Ni、Sn、Pb、(H_2)、Cu、Hg、Ag、Pt、Au，這又稱為金屬的活性大小排序。

錯離子

　　分子或離子的孤對電子與金屬離子共用，形成配位鍵後所得到的離子。與金屬離子配位形成的分子或離子稱為配體。

配位鍵

　　僅由某一邊的原子提供電子對所形成的鍵結。銨離子NH_4^+的其中一個N—H鍵結，以及鋞離子H_3O^+的其中一個H—O鍵結，皆為代表性的例子。

解離

某種物質溶解在水中時，分解成陽離子與陰離子的現象。可解離的物質稱為電解質，無法解離的物質則稱為非電解質。

兩性元素

能與酸反應，也能與氫氧化鈉NaOH等強鹼反應的元素，如鋁Al、錫Sn、鉛Pb等。

鈍化

將鋁Al、鐵Fe、鎳Ni等元素浸入濃硝酸後，會讓金屬表面產生緻密的氧化層外膜，使金屬內部不會繼續被氧化。這種狀態就稱為鈍化。

金屬光澤

金屬特有的光澤。大多是像鋁（p.038）或銀（p.102）那樣白色光澤，另外還有像金（p.126）的黃色光澤或銅（p.078）的棕色光澤。

展性、延性

以槌子敲擊金屬塊時會被壓扁攤平的性質叫做展性，可以將棒狀金屬拉伸到很長的性質稱為延性。多數金屬都富有展性與延性，特別是金（p.126）可以打到0.0001 mm那麼薄而不會碎裂。

導電性

容易導電的性質。金屬的導電性很高，故也稱為導體；非金屬的導電性很低，故也稱為非導體（絕緣體）。另外，矽（p.042）等性質介於導體與非導體的物質，稱為半導體，常用於各種電器。順帶一提，導電性最高的元素是銀。

導熱性

容易導熱的性質。金屬的導熱性高，非金屬的導熱性低，故鍋子、茶壺的本體大多以金屬製成，把手部分則會由塑膠等非金屬製成。

16～20畫

後記

　　您是在什麼時候、什麼地方第一次聽到元素這個詞的呢？是否有人是在拿到理科教科書的時候，才第一次看到「氧」與「氫」之類的字詞呢？有沒有人是在平時的生活中，聽到某個博學多聞的人說出「要是沒有氧氣的話，東西就燒不起來」之類的話時，才第一次聽到了元素的名字呢？無論如何，每個人「初次接觸元素」的經驗可能都各不相同，有人是在「學習」場所中聽到，有人是在「生活」場所中聽到。

　　成為大學生以後，小時候的記憶會愈來愈模糊，我現在已經完全想不起來當時是如何與這些元素邂逅的了。不過，因為我很早就踏入了入學考試這個有些特殊的競爭環境，所以我想「我和元素們的接觸與回憶」多半是在發生在「學習」的時候吧。成為國中生以後，我開始在學校正式學習「化學」這個科目，這樣的想法又更為強烈了。對我來說，元素是「只要記得必要內容就好的考試用內容」。

　　東大CAST收到了一份委託，希望我們能寫一本「給沒那麼擅長化學的人看的書，最好能用插圖的方式，簡單說明全部的118種元素」。在我實際與Subaru舍的編輯討論時，心中想的是「會在考試中出現的元素相當有限，就算把118種元素都寫進去也沒什麼意義啊……」。事實上，如果是為了在「學習」的世界中有好的表現，那麼只能在嚴格的環境下以人工方式合成出來，且只能存在零點幾秒，很快就會衰變的重元素，基本上直接「略過」也沒關係。不過，編輯熱血地和我說，就算是考題中不會出現的元素，也希望我能把一些小知識列上去，完整寫出118種元素。在我開始調查各種元素的小知識，並實際撰寫本書時，我看到許多科學家會花上許多時間，只為了發現一個元素，或者為了研究這個元素的性質以投入應用，也看到了他們在研究過程中的努力軌跡。

「元素」是萬物的根源，當我們回顧元素的歷史時，可以看到人們常提出「物體是由什麼東西組成的呢？」、「這是什麼樣的物質呢？」等問題，並在好奇心本能的驅使下，想試著了解原本不了解的東西，最後形成人類的智慧結晶。如果這些由前人所留下來的財產不僅能用在「學習」場所，還能活用於「生活」場所的話，一定能讓我們的世界變得更豐富。而實現這種事，就是現在站在文明這個巨人肩上的我們該盡的義務了吧。如果可以寫一本書，讓人覺得「元素好像滿有趣的」的話，做為一個科普作家，沒有比這更值得高興的事了。

　　在我執筆本書時，受到了Subaru舍3位編輯的照顧。另外，在我們的社群中，有許多成員平時就為了學業或研究而忙得不可開交，卻願意參與本書的寫作、插圖、校對。我想藉由這個機會感謝各位，真的非常謝謝你們。

　　拿起本書的各位讀者們，希望未來還能在某處和各位見面。

2019.1.13
東京大學Science Communication Circle CAST
元素書寫作團隊計畫Leader
崎原晴香

參考文獻（未依特定順序排列）

《セミナー化学》（第一學習社，2013）

《化学基礎》（竹内敬人等著，東京書籍，2012）

《化学》（竹内敬人等著，東京書籍，2013）

《高等学校 化学》（山内薫等著，第一學習社，2013）

《高等学校 化学基礎》（山内薫等著，第一學習社，2012）

《化学Ⅰ 改訂版》（齋藤烈等著，啓林館，2012）

《ニューステージ新化学図表》（浜島書店編集部編著，浜島書店，2011）

《化学》（辰巳敬等著，數研出版編，數研出版，2012）

《高等学校 新倫理 最新版》（菅野覚明等著，清水書院，2013）

《高等学校 新現代社会 最新版》（池田幸也等著，清水書院，2013）

《化学辞典 第2版》（吉村壽次 編輯代表，森北出版，2009）

《生物学辞典》（石川統等編，東京化學同人，2010）

《元素周期 萌えて覚える科学の基本》（スタジオハードデラックス著・編，満田深雪監修，PHP研究所，2008）

《元素生活 完全版》（寄藤文平著，化學同人，2017）

《毛髪を科学する 発毛と脱毛の仕組み》（松崎貴著，岩波書店，1998）

《元素の事典》（馬淵久夫編，朝倉書店，2011）

《元素の百科事典》（John Emsle 著，山崎昶譯，丸善出版，2003）

《元素の事典》（山崎昶，細矢治夫監修，日本化學會編輯，みみずく舎，2009）

《元素111の新知識 引いて重宝，読んでおもしろい 第2版》（桜井弘編，講談社，2009）

《元素118の新知識 引いて重宝，読んでおもしろい》（桜井弘編，講談社，2017）

《科学者はなぜウソをつくのか 捏造と撤回の科学史》（小谷太郎著，dZERO，2015）

《理科年表 平成30年》（國立天文台編，丸善出版，2017）

《化学の新研究》（卜部吉庸著，三省堂，2013）

《元素のすべてがわかる図鑑》（若林文高監修，ナツメ社，2015）

《センター試験 化学の点数が面白いほどとれる本》（橋爪健作著，中經出版，2014）

《生命の惑星 ビックバンから人類までの地球の進化》（Charles H. Langmuir 著，Wally Broecker 著，宗林由樹譯，京都大學學術出版會，2014）

《図解入門 最新金属の基本がわかる辞典》（田中和明著，秀和SYSTEM，2015）

《元素のことがよくわかる本──原子番号「1～118」のすべてを，やさしく解説！》（ライフ・サイエンス研究班編，河出書房新社，2011）

《マンガでわかる元素118元素の発見者から意外な歴史，最先端の応用テクノロジーまで》（齋藤勝裕著，SB Creative，2011）

《スクエア最新図説化学》（佐野博敏監修，花房昭静監修，第一學習社，2013）

《マンガで覚える元素周期》（元素周期研究會編，誠文堂新光社，2012）

《元素キャラクター図鑑》（若林文高監修，日本圖書中心，2019）

《センター試験過去問研究 化学》（教學社編集部編，教學社，2017）

《図解入門 よくわかる最新元素の基本と仕組み》（山口潤一郎著，秀和SYSTEM，2007）

《周期表に強くなる! 改訂版 身近な例から知る元素の構造と特性》（齋藤勝裕著，SB Creative，2017）

《新版 現代物性化学の基礎》（小川桂一郎編，小島憲道編，講談社，2010）

《世界で一番美しい元素図鑑》（Theodore Gray著，若林文高監修，武井摩利譯，Nick Mann攝影，創元社，2010）

『ブリタニカ国際大百科事典 quick search version』（ブリタニカ・ジャパン）

《Immortals of Science Humphry Davy and Chemical Discovery》（Elba O. Carrier著，Chatto & Windus，1967）

『東京大學 大氣海洋研究所』http://www.aori.u-tokyo.ac.jp/index.html

『BuzzFeed』https://www.buzzfeed.com/jp

『113號元素特設網頁／理化學研究所 仁科加速器科學研究中心』http://www.nishina.riken.jp/113/

〈人工元素の発見史 ―超ウラン元素を中心にして―〉https://www.jstage.jst.go.jp/article/kakyoshi/65/3/65_112/_pdf

『國立研究開發法人 科學技術振興機構』https://www.jst.go.jp/

『獨立行政法人 造幣局』https://www.mint.go.jp/

『獨立行政法人 國立印刷局』https://www.npb.go.jp/index.html

『Royal Society of Chemistry』http://www.rsc.org

『IUPAC』https://iupac.org/

『THE NOBEL PRIZE』https://www.nobelprize.org/

『日立金屬株式會社』https://www.hitachi-metals.co.jp/

『Chem-Station』https://www.chem-station.com/

〈The ends of elements〉（Thornton, B. F. and Burdette, S. C. Nature Chem. 5, 350-352,2013, https://www.nature.com/articles/nchem.1610）

〈Chemical investigation of hassium (element 108)〉（Ch. E. Düllmann et al.,2002, https://www.nature.com/articles/nature00980）

作者介紹

東京大學
サイエンスコミュニケーションサークル

CAST

東京大學Science Communication Circle CAST於2009年在東京大學成立，是以「傳播科學」為主旨的社群（circle），成員多為在東京大學上課的學生們。直至2019年2月已創立10周年。東大CAST的目標是「將科學有趣的地方告訴更多人」，並在各個小學、科學館、公民館（社區活動中心）舉行科學表演、移動科學教室等活動。另外，還會在每年2次的東京大學學園祭（五月祭・駒場祭）設展、在電子郵件雜誌「CAST@NET」中執筆科學專欄文章、在Twitter或YouTube上推出各種實驗影片等，活動範圍相當廣。若要委託科學表演、實驗教室的話，請詳見東大CAST官方網站的說明。

HP：https://ut-cast.net/
Twitter：@ut_cast, @ut_caston
Facebook：@CAST.SC
Instagram：@ut_cast

東大CAST吉祥物
CASTON君

●文章內容

崎原晴香

東大CAST第9期公關。私立豐島岡女子學園高等學校畢業，現為東京大學工學部計測數理工學科數理資訊工學學程三年級學生。喜歡的實驗是金屬離子的定性分析。

早川覚博

東大CAST第9期會計。私立早稻田高等學校畢業，現為東京大學工學部應用化學科三年級學生。喜歡的顏色是銅（Ⅱ）離子水溶液的藍色。

藤澤雄太

東大CAST第9期。大分縣立大分上野丘高等學校畢業，現為東京大學工學部化學生命工學科三年級學生。喜歡的元素是碳（C）。

大西由吾

東大CAST第9期。私立麻布高等學校畢業，現為東京大學工學部物理工學科三年級學生。喜歡的化學反應是焰色反應。

高木寬貴

東大CAST第9期。群馬縣高崎高等學校畢業，現為東京大學工學部物理工學科三年級學生。喜歡的實驗是布朗運動。

德永康平

東大CAST第8期公關。私立麻布高等學校畢業，現為東京大學工學部應用化學科四年級學生。喜歡的實驗是紅綠燈反應。

加藤昂英

東大CAST第10期駒場副代表。東京都立西高等學校畢業，現為東京大學教養學部理科一類二年級學生。已獲理學部化學科入學內定。喜歡的分子是苯。

●插圖

正籬 卓

東大CAST第8期副代表。東京都立武藏高等學校畢業，現為東京大學理學部生物學科四年級學生。喜歡的實驗是葉綠素的螢光。

山本 亮

東大CAST第8期代表。筑波大學附屬駒場高等學校畢業，現為東京大學工學部化學生命工學科四年級學生。喜歡的同素異形體是膠狀硫。

江田尚弘

東大CAST第8期。私立淺野高等學校畢業，現為東京大學工學部計測數理工學科系統資訊工學學程四年級學生。喜歡的實驗是橡膠手錯覺。

渡邉緩也

東大CAST第9期代表。茨城縣立土浦第一高等學校畢業，現為東京大學理學部物理學科三年級學生。喜歡的實驗是有玩心的實驗。

松本明弓

東大CAST第10期。私立女子學院高等學校畢業，現為東京大學教養學部理科一類二年級學生。已獲工學部計測數理工學科系統資訊工學學程入學內定。喜歡的實驗是普拉托問題。

國家圖書館出版品預行編目(CIP)資料

超好懂元素圖鑑：偷看東大生的筆記 / 東京大學
Science Communication Circle CAST著；陳朕
疆譯. -- 初版. -- 臺北市：臺灣東販, 2020.1
192面；14.7×21公分
ISBN 978-986-511-223-3 (平裝)

1.元素 2.元素週期表

348.21   108020692

IRASUTO DE SAKUSAKU OBOERU TODAISEI NO GENSO NOTE
by The University of Tokyo, Science Communication Circle CAST
Copyright © The University of Tokyo, Science Communication Circle CAST 2019
All rights reserved.
Original Japanese edition published by Subarusya Corporation, Tokyo

This Complex Chinese edition is published by arrangement with Subarusya Corporation, Tokyo
in care of Tuttle-Mori Agency, Inc., Tokyo.

偷看東大生的筆記
超好懂元素圖鑑

2020年 1 月1日初版第一刷發行
2021年12月1日初版第三刷發行

作　　者　東京大學Science Communication Circle CAST
譯　　者　陳朕疆
編　　輯　劉皓如
特約美編　鄭佳容
發 行 人　南部裕
發 行 所　台灣東販股份有限公司
　　　　　＜地址＞台北市南京東路4段130號2F - 1
　　　　　＜電話＞(02) 2577 - 8878
　　　　　＜傳真＞(02) 2577 - 8896
　　　　　＜網址＞http://www.tohan.com.tw
郵撥帳號　1405049 - 4
法律顧問　蕭雄淋律師
總 經 銷　聯合發行股份有限公司
　　　　　＜電話＞(02) 2917 - 8022

著作權所有，禁止轉載。
購買本書者，如遇缺頁或裝訂錯誤，
請寄回調換（海外地區除外）。
Printed in Taiwan.